生态环境补偿会计核算体系研究

周信君 罗阳 著

西南交通大学出版社
·成 都·

图书在版编目（CIP）数据

生态环境补偿会计核算体系研究 / 周信君，罗阳著
. —成都：西南交通大学出版社，2022.8
ISBN 978-7-5643-8817-1

Ⅰ. ①生… Ⅱ. ①周… ②罗… Ⅲ. ①生态环境 - 补偿机制 - 会计分析 - 研究 - 中国 Ⅳ. ①X321.2

中国版本图书馆 CIP 数据核字（2022）第 136782 号

Shengtai Huanjing Buchang Kuaiji Hesuan Tixi Yanjiu
生态环境补偿会计核算体系研究
周信君　罗　阳　著

责任编辑	郭发仔
助理编辑	邵莘越
封面设计	墨创文化
出版发行	西南交通大学出版社 （四川省成都市金牛区二环路北一段 111 号 西南交通大学创新大厦 21 楼）
发行部电话	028-87600564　028-87600533
邮政编码	610031
网　　址	http://www.xnjdcbs.com
印　　刷	四川煤田地质制图印刷厂
成品尺寸	170 mm × 230 mm
印　　张	15
字　　数	201 千
版　　次	2022 年 8 月第 1 版
印　　次	2022 年 8 月第 1 次
书　　号	ISBN 978-7-5643-8817-1
定　　价	60.00 元

PREFACE 前 言

生态环境补偿会计之所以出现，第一是因为环境问题日趋严重及生态补偿机制的实施、不断推进和完善的需要，第二是传统会计核算的局限性及面临的挑战。生态环境补偿会计是整个会计体系的重要组成部分，随着公众环保意识的增强，可持续发展理念不断深入，生态环境作为利益相关方的观点成为共识，生态环境的保护和改善以及生态补偿机制的有效实施和推进，催生了生态补偿会计，这既是环境保护工作和生态补偿机制实践的需要，也是改善生态环境治理、明确企业环境责任之要求。

目前，生态环境补偿会计在中国是一个全新的研究领域，无论是会计理论界还是实务界都仅仅做了一些理论的探讨，尚未建立一个完整的核算体系和框架。随着国家生态文明建设战略的顶层设计和绿色发展理念的提出，生态补偿机制的进一步推进和完善急需构建一套有效的生态补偿会计理论框架和核算体系，把生态环境纳入企业的会计核算体系中。理论上，作为生态补偿机制推进和完善的依据，实务上，指导相关企业的生态补偿环境会计核算，以便有效地保护国家生态环境安全，提升国家环境治理现代化水平，促进国家经济社会健康可持续发展。中国的生态环境补偿会计基础相对较弱，在快速增长的现实需求之下，改革的推进亟需理论框架的新构和实务操作的创新。

本研究以微观的视角，采用规范研究和案例研究相结合的方法，在生态环境补偿会计的基本理论和框架的基础上，对生态环境补偿会计的确认、计量和信息披露等问题开展系统研究，并基于管理决策视角对生态管理会计和生态环境审计予以探索，提出相应的对策与建议。理论方面，构建了生态环境补偿会计的基本理论框架和核算体系，从生态环境补偿会计（理论框架、确认计量与披露）、生态管理会计、生态环境审计三个维度系统地分析它们之间的逻辑关系。实务方面，把生态环境补偿会计的核算体系基本原理和方法运用到具体的企业中，针对核算结果存在的问题，提出改革的思路和途径。

研究得出以下结论：

第一，通过生态环境补偿会计的目标、会计假设和信息质量特征，提出生态环境补偿会计的核算模式、体系和内容，即宏观生态环境补偿会计模式、微观生态环境补偿会计模式和相对应的生态环境补偿会计体系以及核算内容，并确定了生态环境补偿会计的六要素。但现有的生态环境补偿的会计核算远不能满足当前的需要，因此尽快建立和完善生态环境补偿会计核算体系和内容成为当务之急。

第二，生态环境补偿会计的确认与传统会计的确认在本质上是一致的，是将涉及生态环境补偿的经济业务作为生态资产、生态负债等会计要素正式列入会计信息系统的过程。其确认的标准与传统会计的确认标准大致相同。但由于自然生态环境固有的特征，其确认标准又有所不同。如生态资源的外在经济性和公共物品性，决定了生态资产一般不存在市场，没有用市场价值计价方法确定其价值的条件，所以，应更多地考虑利用非市场价值的计价方法，实现对其价值的确认和计量；生态资源具有生态补偿性及对象的选择性，在进行生态资产的确认与计量时，应从重要性原则出发，着重明确在现有条件下能够纳入会计核算范畴并得以在会计信息载体上反映的各种生态资产。

第三，生态环境补偿会计属于会计体系的一部分，在计量方式上可采用以货币计量为主其他计量单位为辅的多元计量。由于生态环境补偿会计具有特殊性，有些时候货币计量并不能完全表达生态环境补偿活动信息，往往需要借助其他计量方式，如实物计量、技术计量和时间计量等。其次，在计量属性的选择上，由于生态环境系统的复杂多变性，历史成本计量作为会计计量属性存在着诸多缺陷。因此，可变现净值、公允价值作为更科学的计量方法被运用于生态自然资源的计量当中。具体计量方法主要有直接市场法、替代性市场法和意愿调查评估法。三种方法应互为补充，视情况不同而灵活运用。

第四，将生态环境补偿纳入会计体系并进行信息披露，是实现可持续发展和生态环境外部性合理内在化的有力手段。在现行价值会计信息披露模式下，生态（环境）补偿会计信息可采取嵌入式列报或独立价值报告形式。然而，在现行会计理论和方法下，生态环境补偿会计的纯价值信息存在某种程度的虚拟性，其会计信息的可靠性、相关性较低。尽管从实现生态环境外部性的内在化角度看，价值信息似乎更有说服力，也更具操作性，生态环境补偿会计理论和方法的缺失给相关操作增加了难度，因而基于多种方法相结合的生态（环境）补偿会计信息披露模式成为现阶段的现实选择。

第五，基于管理决策的视角，从理论和应用两个层面对生态管理会计进行研究。理论层面，从生态管理会计发展的基础——环境管理会计理论出发，构建生态管理会计的基本概念框架。应用层面，将生态管理会计的基本工具应用到企业的成本分析、投资决策和业绩评价等方面，即将生态环境成本因素纳入管理决策，在投资决策中考虑生态环境因素，将生态环境业绩指标纳入企业绩效综合评价体系中去。结合环境和财务指标，减少环境影响，实现更大的经济利益，最终促进企业的可持续发展。

第六，对生态审计的必要性、可行性以及其内容进行了研究和探讨。生态审计是实施和完善生态补偿机制的重要保障。相比传统会计，生态环境补偿会计在内容上更为复杂，在表现形式上更为多样，因此建立合适的鉴证机制是必要而且必然的。基于此，本研究在分析进行生态审计的必要性的基础上，就生态审计的内容进行了简单的探讨。企业在生态领域具有核心竞争力的关键因素是生态审计的内容、方法的完备性，这一关键因素可以将真正具有核心竞争力的企业与“漂绿”企业区别开来。当然，对两者的区分仍旧是以相关生态审计标准和审计人员的综合素质为基础的。由此可见，在生态审计不断发展的过程中，生态友好行为将是企业开展环境行为的主流。

最后，为了使企业生态会计核算理论体系得以运用，以H公司为例，将其与生态环境有关的业务进行生态会计核算，在此基础上，通过嵌入式列报的方式，将H公司的会计信息在资产负债表、利润表及现金流量表3张报表上披露，并对其核算结果进行分析，发现企业的生态环境保护活动取得了一定的成效；另一方面，企业通过各种生态环境会计核算和相关生态环境信息披露，为外部报表使用者提供决策有用的生态环境信息。通过案例核算和分析，验证了生态补偿会计理论在实务中的可行性，使生态环境补偿会计理论和实践得以互为补充，共同发展。

本书只是生态环境补偿会计核算体系研究的尝试，很多方面还需要继续深入。匆忙成稿，敬请专家学者批评指正。

著　者

2022年4月

CONTENTS 目录

第 1 章
绪　论

1.1 研究背景

1.1.1 环境问题的日趋严峻和生态补偿机制的实施

20 世纪 50 年代以来，随着世界范围内的工业化加快，城镇化飞速发展，社会经济发生了显著变化。与此同时，人类对自然资源的开发与利用不断加大，已经超过了自然环境本身所能承受的压力，致使我们赖以生存的自然生态环境不断地恶化，生态环境问题已经变得日趋严峻，各种环境问题层出不穷，如水、大气污染，土壤破坏等。改革开放以来，中国经济飞速发展，但人们缺乏环保意识，无节制地开发自然资源，环境问题同样突出。据相关资料表明：我国每年废水污染物平均排放量达 784 万吨，废气污染物平均排放量有 3 231.7 万吨，工业废弃物有 40.86 亿吨，在被统计的流经城市的河流中，黄河流域、松花江流域、淮河流域、辽河流域、海河流域等成不同程度的污染[①]。如此严峻的生态、环境问题，会对社会进步和人类未来的发展产生巨大的阻碍作用。

自然资源并非用之不尽，取之不竭。随着环境问题的不断恶化、人们环保意识的不断觉醒和环保运动的不断兴起，人们逐渐认识到生态环

① 2016—2019 年全国生态环境统计公报。

境是有价值的，可以给人类带来多种效益。而对生态环境问题置之不理或处理不当，会使生态资源配置低效甚至扭曲。因此，为了协调社会经济与生态环境之间的关系，人类在进行生产经营活动和开发利用自然资源的时候必须考虑到生态环境的价值，保护和改善我们的生态环境，促进社会经济协调、可持续发展。生态补偿为我们提供了一种改善和保护生态环境的经济手段，生态补偿机制的建立、推进和有效的实施，为防止生态资源的低效率配置和扭曲提供了机制保障。

改革开放以来，党和国家对生态环境问题十分重视。中央政府将治理环境污染问题摆到了国家战略高度，中央政府和各级地方政府先后出台了《森林法》《矿产资源法》等，并加以严格地贯彻实行，初步形成生态补偿机制的雏形。

进入 21 世纪以来，中国政府在森林生态补偿方面取得了重要的成就，2005 年，中国共产党第十六届五中全会提出按照“谁开发谁保护”“谁受益谁补偿”的原则，加快建立生态补偿机制。国家发展和改革委员会要求组织编制《全国主体功能区规划》，指导地方编制省级功能区规划，为建立生态补偿机制提供空间布局框架和制度基础。中国第十一届全国人大四次会议审议通过的“十二五”规划纲要进一步对建立生态补偿机制问题做了专门阐述，要求研究设立国家生态补偿专项资金，推行资源型企业可持续发展准备金制度，加快制定实施生态补偿条例。2010 年国务院决定将研究制定生态补偿条例列入立法计划，发展改革委员会与有关部门起草了《关于建立健全生态补偿机制的若干意见》征求意见稿和《生态补偿条例》草稿，提出中央森林生态效益补偿基金制度、重点生态功能区转移支付制度、矿山环境治理和生态恢复责任制度。为生态补偿机制的建立和实施提供了大体和初步的框架。

中共十八大以来，党中央将生态文明建设纳入社会主义事业的总体布局中，并提出建立合理的生态补偿制度，以体现资源的合理利用和生态价值的有偿使用，给予生态保护者适当合理的补偿。2014 年中央制定出台的《中华人民共和国环境保护法》明确要求建立和健全生态保护补偿制度，此后，中央和地方各级政府制定和出台了一系列有关的生态补偿的法律法规，使生态补偿机制逐步形成了一个比较完整的体系。

2016年4月，国务院办公厅发布了《关于健全生态保护补偿机制的意见》，其中明确提出："到2020年，实现森林、草原、湿地、荒漠、海洋、水流、耕地等重点领域和禁止开发区域、重点生态功能区等重要区域生态保护补偿全覆盖，补偿水平与经济社会发展状况相适应，跨地区、跨流域补偿试点示范取得明显进展，多元化补偿机制初步建立，基本建立符合我国国情的生态保护补偿制度体系，促进形成绿色生产方式和生活方式。"

2021年9月，中共中央办公厅、国务院办公厅发布《关于深化生态保护补偿制度改革的意见》，提出："到2025年，与经济社会发展状况相适应的生态保护补偿制度基本完备。以生态保护成本为主要依据的分类补偿制度日益健全，以提升公共服务保障能力为基本取向的综合补偿制度不断完善，以受益者付费原则为基础的市场化、多元化补偿格局初步形成，全社会参与生态保护的积极性显著增强，生态保护者和受益者良性互动的局面基本形成。到2035年，适应新时代生态文明建设要求的生态保护补偿制度基本定型。"

虽然生态补偿机制在我国已经逐步建立并在不断完善，但是仍有生态补偿标准如何确定、生态环境指标如何建立以及生态环境评价方法怎么量化等一系列问题有待解决。原有的会计核算体系已不能适应生态环境发展的要求，为了解决上述问题，需要重新构建一套行之有效的、全新的核算方法，为生态补偿机制的完善和实施提供有效的依据。

1.1.2 传统会计的局限性及面临的挑战

传统会计是以历史成本为依据，以货币为主要计量单位，对外提供反映企业经营活动的财务信息，更强调企业的局部利益和眼前利益，忽视企业对生态环境的影响和反应。企业对经济活动进行核算时没有考虑对生态环境的污染和破坏，获得了以损害生态环境质量为成本的短期经济利益。因此，传统会计体系无法解决资源利用和生态环境保护之间的矛盾，其缺陷显而易见。

1. 忽视企业对生态环境的影响，不利于经济社会的可持续发展

传统会计体系作为评价企业经营成果和经济社会发展的主要手段，忽略了我国自然资源相对匮乏的现实。忽视企业对生态环境的破坏以及生态环境建设保护的投入，而且无法核算生态环境遭到破坏所造成的损失。长期下去会使生态系统失衡，不利于社会经济的协调可持续发展。

2. 产品价值与生态环境价值相分离，不利于绿色 GDP 的核算

一方面，传统会计追求企业利润最大化，没有将生态环境因素纳入企业的核算范围，无法反映企业的生态环境问题，不考虑企业的社会效益，忽视了长远发展。另一方面，目前的国民经济增长核算体系没有将自然资源损耗和环境破坏造成的损失包含在内，导致相关经济指标的虚高和不实，无法从根本上改善我国经济的粗放型增长模式，致使生态环境得不到有效的保护，造成生态环境破坏的加剧，使经济发展付出巨大的外部成本。同时，不考虑环境因素的传统会计不注重社会成本和社会效益，不利于绿色 GDP 的核算。

3. 成本核算方法不合理，不利于企业降低资源损耗，减少环境污染

传统会计核算体系遵循严格的货币计量假设，即一切经济活动事项要能够用货币计量。而企业涉及的许多生态环境事项是无法量化的，难以甚至无法用货币计量，因而是传统会计体系无法核算和反映出来的。例如资源消耗量、污染物的排放量以及生态资源的环境信息、社会效益信息以及一些不能客观评价的生态环境信息等。因此，企业用传统会计核算出来的产品成本没有包含资源的实际耗费情况，不利于减少环境损耗，挖掘企业潜力。

1.1.3 建立生态环境补偿会计的客观要求

1. 实施生态环境补偿会计是促进经济社会可持续发展的需要

可持续发展是指在不损害和牺牲环境的情况下，经济社会的持续健康发展，是社会进步、经济发展和自然生态环境之间的协调、同步发展。企业作为可持续发展的关键行为主体，在实施和践行可持续发展战略过程中，要求其将生态环境等因素纳入会计核算体系中来，通过建立生态环境补偿会计，全面、真实地反映企业的各项经营活动，如实履行包括保护生态环境等在内的企业社会责任，向企业潜在的投资者以及债权人等企业利益相关者提供相关的信息，以帮助他们进行正确的决策，从而实现经济社会的可持续发展。

2. 实施生态环境补偿会计是环境保护工作和生态补偿机制实践的需要

生态环境管理是我国近年来环境保护工作和生态补偿机制实践的重要一环,而良好高效的生态环境管理必须要求会计为其提供有效的信息，如有关生态自然资源的存量和流量情况信息，生态环境费用以及生态环境保护业绩等信息。决策者通过分析会计所提供的生态环境信息，了解相关的生态环境状况，并做出正确的评价和决策。因此，只有在改革现有会计体系的基础上，建立和实施生态环境补偿会计，正确反映和控制生态资源的使用、生态成本费用的发生，以及生态环境治理的效果等情况，使生态补偿和环境保护做到有的放矢。

3. 实施生态环境补偿会计是改善生态环境治理、明确企业环境责任的需要

我国近些年来经过一系列的环境治理和修复等工作，生态环境污染和破坏问题得到了初步的遏制，但空气污染、水土流失、植被退化等环境问题依旧突出，不利于经济社会的可持续发展，威胁着人类的生存空间。企业是导致环境问题的重要原因。建立和实施生态环境补偿会计，

将生态环境问题纳入会计核算范围，规范企业的生产经营活动，明确其所承担的环境责任，认真对待生态环境问题，减少其对生态环境的污染和破坏，进而改善和提高生态环境治理质量。

综上所述,生态环境补偿会计将生态环境因素纳入会计核算体系中，同时考虑社会和环境效益，把对生态破坏造成的损失加入产品成本核算中，能够较为准确地核算企业的生产成本和国民生产总值，促进企业保护和维持生态环境。建立和实施生态环境补偿会计，一方面可以协调企业自身与外部生态环境资源的相互关系，使企业合理地开发和利用自然环境资源，促进企业健康良性发展；另一方面，企业通过生态环境补偿会计来反映和控制与生态环境有关的生产经营活动，并向政府、企业内外投资者以及债权、债务人等企业的利益相关者报告相关的生态环境补偿信息，使他们及时了解和掌握与企业各项经营活动相关的生态环境信息，以便做出正确的决策。

在当前生态文明建设的大背景下，环境保护受到全社会的重视，生态补偿愈发受到强调。传统会计不能反映生态环境补偿的过程，成本信息虚假，利润虚高。另外，它还夸大了经营成果和财务状况，不利于生态补偿机制工作的实施。因此，从可持续发展战略和生态补偿的视角来看，传统会计是存在缺陷的，急需对其核算模式进行补充和完善，所以，将生态环境因素纳入企业传统会计核算过程，不仅能够为其补充利益相关者所需的会计信息，而且能够对社会经济可持续发展和生态补偿工作起到非常重要的作用，这也是研究和建立生态环境补偿会计核算的意义所在。

构建我国生态环境补偿会计不仅是一个会计学问题，也是我国现阶段生态环境补偿提出的必然要求。近年来，生态环境问题越来越受到会计界的重视，许多学者和实务界人士从生态环境成本的核算、生态环境信息披露等方面进行了探讨。构建生态环境补偿会计核算体系是一个全面、复杂的系统工程，包括生态环境补偿会计基本假设、基本内容、主要特征、各要素的确认、计量、报告及信息披露、生态管理会计、生态审计等各个方面，本研究从这些方面出发，尝试构建一套较为完善的生态环境补偿会计核算理论。一方面，可以为完善生态环境补偿机制提供理论依据，规范生态补偿工作实践；另一方面，可以补充和丰富原有的环境会计核算体系内容，为保护和改善现有的生态环境提供理论和实践支撑，同时可以服务于当今时代的生态文明建设战略。最终促进社会经济的可持续健康发展。

1.2 研究目的和意义

1.2.1 研究目的

开展生态环境补偿会计的核算研究，其目标是通过完善生态环境的管理，规范生态环境补偿的实践工作，促进人和生态环境的和谐统一，最终实现经济社会和生态环境的可持续发展。本研究的具体研究目的如下。

1. 丰富生态（环境）价值补偿的会计信息披露内容

生态（环境）补偿的会计核算源于环境会计，是继社会责任会计、环境会计后的又一个会计学分支，是环境会计的延伸和发展。由于生态系统具有特殊性，只有通过对生态系统造成的损失进行有效的补偿，才能维护生态系统的正常运转。但在实际社会经济生活中，生态环境的价值并没有得到全面的认识和充分的体现，生态环境保护和收益脱节现象突出，普遍存在"公地悲剧"。因此，生态（环境）价值补偿是生态环境保护的一个重要内容，如何对生态环境价值进行核算已引起各级政府和学者们的普遍关注。笔者通过对现有的生态环境会计研究进行梳理，发现学者们对生态效益价值、未实现价值的最终会计归属、生态环境补偿会计核算及生态环境补偿标准等提出了自己独到的观点（温作民，

2003[①]；刘梅娟，2006[②]；张长江，2009[③]；秦格，2011[④]；袁广达，2014[⑤]）。但生态环境资源作为自然资源的重要因素，不仅具有独特的经济价值（消费性价值），还拥有生态环境价值和社会价值，需要对其进行多维度衡量并体现其价值所在。

具体而言，经济价值是生态环境资源使用者的财产利益，是生态环境物质资源转换的收益；生态环境价值体现为生态环境资源的市场化价格，是生态环境资源的货币化表征。其中，实现良好的生态是人类可以通过技术手段去推进的，人们可以通过保护、修复、管理等活动，完成生态环境资源经济价值和生态价值的"帕累托最优"。因此，本文可以通过研究生态环境价值的会计确认、计量和信息披露来弥补历史成本中不可计量的部分，从而加强生态价值补偿的会计信息披露。

2. 满足相关企业实现自然资源资产化管理的要求

党的十八届三中全会明确要求建立系统完整的生态文明制度体系，同时提出要建立健全自然资源资产产权制度和用途管制制度。这表明政府对自然资源资产管理的全面推进和管理提出了新的要求，同时又说明自然资源资产化管理方面仍然存在很多急需解决的问题，需要企业积极稳妥地对相关自然资源进行资产化管理，以保证自然资源的有偿使用和生态补偿机制的有效实施。

自然资源资产化管理是利用市场竞争机制，遵循一般的经济规律，按照一定的方法，对自然资源进行有效的配置，以实现自然资源的核算、

① 温作民．环境外在性的会计核算[J]．财务与会计，2003（11）：24-26.

② 刘梅娟，卢秋桢，尹润富．森林生物多样性价值核算会计科目及会计报表的设计[J]．财会月刊，2006（3）：46-47.

③ 张长江，彭思瑶．生态收益的确认问题探究——生态效益外部性会计核算视角下的认识[J]．绿色财会，2009（10）：3-7.

④ 秦格．生态环境补偿会计核算理论与框架构建[J]．中国矿业大学学报（社会科学版），2011，13（3）：80-84.

⑤ 袁广达．我国工业行业生态环境成本补偿标准设计——基于环境损害成本的计量方法与会计处理[J]．会计研究，2014（8）：88-95，97.

规划、补偿和监督制度，最终形成以产权约束的自然资源价值化，达到全社会保护和有效利用自然资源的目的。

目前，生态环境补偿不仅是政府、社会和公众关注的共同话题，而且有关于生态环境补偿的相关会计核算更是理论界和实务界的热点问题之一。因此，从某种意义上来说，生态环境补偿会计核算是现在和今后相当一段时期急需研究和解决的重点和难点问题。但是，已有的研究主要是从国家宏观经济管理的角度研究生态价值，而不是从企业核算的角度研究生态环境补偿核算。目前，还没有学者从会计的角度系统地研究生态环境会计。显然，这种做法不符合生态环境核算对象的综合需要，也使得相关企业财务报告中的会计信息缺失。这自然会导致财务报告无法反馈相关企业的生态环境绩效，更不能完全满足合理资源资产管理的具体要求（刘梅娟，2010）。

3. 为企业利益相关者提供决策有用的信息

通过对生态环境补偿价值进行会计核算，最终可以在会计报表中增加生态环境信息披露的内容，为会计主体实现客观完整地披露所有会计信息的目标，为利益相关者了解和获取比较完整的与生态环境价值核算相关的会计信息提供平台，以便为他们进行相关决策提供有用的信息。

1.2.2 研究意义

1. 理论层面

党的十八大报告中，政府首次将生态文明建设上升到国家战略发展层面，《中共中央关于制定国民经济和社会发展第十三个五年规划的建议》随后提出了坚持绿色发展。将生态环境补偿纳入会计体系中核算，使其成为国家治理体系现代化的一部分，不仅有利于指导生态环境补偿工作的实践，又能反映会计主体的经营成果。但由于生态环境具有外部性，其核算方法不同于一般传统的会计核算方法。比如，由于生态环境资产的特殊性，会计主体无法用历史成本计量其价值，应采用公允价值计量方法等多种计量方法对生态价值进行计量。作为被确认的所有者权益，会计主体可以对此类会计要素进行正常的会计确认、计量、记录和报告。因此，生态环境补偿核算的研究将丰富当前的环境核算理论。

人们的环保意识逐渐增强，生态环境补偿在国家生态建设各环节中均不可或缺，获得空前的关注，实践工作者和理论工作者都对它所具有的可持续性进行深入的探索。因此，专门针对生态环境的特殊性，从微观层面对生态环境补偿的会计确认、会计计量和信息披露进行理论和实践研究，具有重大的理论意义。

（1）完善会计核算体系

由于种种原因，现有会计核算制度没有将生态环境资源纳入核算范围，过重关注经济效益，在实际生产经营过程中对生态环境的破坏和自然资源的损耗缺乏考虑，会导致企业产品成本被低估，企业效益虚高，甚至以破坏和牺牲生态环境资源为代价，不利于经济社会的可持续发展。相关企业应将生产经营活动对生态环境和社会发展的贡献和损害纳入会计核算，将对生态环境的损害或损失纳入企业成本核算。生产者（单位）可以统筹所有能够反映生态环境和环境资源效益的成本和社会成本，从而充分确定企业经济目标与社会目标的关系，不仅完善现有的会计核算体系，也进一步丰富环境会计核算的内容。

（2）探寻生态环境补偿价值的有效会计核算方法

会计核算作为会计最基本、最重要的职能，能够对企业一定时期的生产经济活动进行确认、计量、记录和报告，为企业管理者和外部相关利益者及时提供真实完整的会计信息。实现会计职能的关键环节之一就是会计计量，会计计量与会计要素紧密联系，是会计各要素的定量化，生态环境会计计量比较复杂，不仅和计量单位、计量方法的选择紧密相关，而且与会计学、经济学、生态学和环境学等多个学科相关。在很大意义上，可靠性决定着会计信息的质量，是推动生态环境补偿会计纳入实务的关键。

对此，有学者认为公允价值计量属性的引入是非常有必要的（温作民，2007年）。部分学者对森林资本价值计量属性（刘梅娟，2010）、生态效益外部性计量属性（张长江，2010）等进行研究。会计选择产出价值而不是投入价值作为计量基础。因此，从特征属性分析来看，生态环境价值与这种情况非常吻合。特别是在当前的经营过程中，商誉、人力资源等非现金无形资产的重要性日益提高，这对以历史成本为计量属性的传统会计产生了很大的影响。公允价值充分体现了“实质重于形式”的会计原则，符合经济发展的新需要，这是传统会计的历史成本原则不具备的。因此，以公允价值为计量属性将是一种与国际会计发展趋势同步的会计实务。

《企业会计准则第39号——公允价值计量》明确了公允价值的计量，进一步为会计计量方法提供了多样化的选择，也顺应了经济发展的新要求，将会给会计计量方法提供指引。因此，此次研究将进一步探索适合发展需要的会计计量属性，运用适当的会计核算方法，对生态环境会计进行确认、计量、记录和报告。

2. 实践层面

（1）推动经济社会与环境资源的可持续发展

环境资源是经济社会发展的物质保障。长期以来，我国的经济发展是高投入、低产出的发展模式，由此造成了生态破坏，牺牲了子孙后代的福祉，因此，这种经济发展模式难以为继，越来越不适应经济社会发展的新需求。因而，转变经济发展模式，在推动经济社会发展的同时，促进自然生态环境的可持续、协调发展已成为我国经济发展的主要模式。在转变经济发展模式的过程中，生态环境补偿会计能够提供比传统会计更全面的信息，使会计主体更合理地承担起社会责任，把生态环境纳入企业的成本、收益等核算之中，以全面反映企业的经营效益和财务成果，主动接受社会公众的监督，改善和提高企业的形象。同时，相关经济管理部门可以根据企业提供的生态环境补偿会计信息，对生态环境相关事项进行有效的管理和决策，对社会资源进行合理有效的配置，使经济社会良性、健康发展。

（2）规范社会生态环境补偿工作的实践

生态补偿作为保护和改善生态环境的经济手段之一，以内化外部成本为原则，一方面对造成生态环境损失的企业（单位）要求赔偿，另一方面对保护生态环境的企业（单位）所获得的收益给予奖励，已经得到社会的普遍认同。在我国，生态环境补偿工作已经实践了很多年，取得了巨大的成绩。但在生态环境补偿实践过程中，还面临许多问题，如补偿的定量分析工作尚难完成，生态补偿标准单一，生态环境保护标准的制定比较困难等。随着生态补偿实践工作的不断推进，规范生态补偿标准核算急需建立一套明确反映生态环境补偿的会计核算体系，从生态环境补偿会计的基本假设、会计确认、记录和计量等方面对生态环境相关事项进行系统的核算，以规范和指导生态补偿工作的实践。

（3）为绿色 GDP 核算提供依据

绿色 GDP 考虑了自然资源和生态环境因素，是从传统的 GDP 中扣除各种因生态环境和资源退化所造成的损失之后的最终成果。根据此定义，在核算绿色 GDP 时，所有与经济活动有关的成本（当然也包括环境资源成本和对生态环境资源的保护服务费）都必须从标准的 GDP 中予以扣除。生态环境补偿会计核算考虑了生态环境成本和生态环境资源的保护服务费，其价值计量可以为绿色 GDP 核算提供基础。

1.3 生态环境补偿会计相关研究文献回顾

1.3.1 生态补偿研究动态

20 世纪 90 年代，生态补偿被明确提出，受到了学术界和实务界的高度关注，许多学者因此开展了实践层面的论证工作，而生态补偿的概念、理论基础、实践标准核算是众多学者研究的重点。

1. 生态补偿概念的认识

万军、张惠远、王金南等（2005）[①]认为生态补偿是一个多层次的补偿体系，包括西部补偿（纵向补偿）、生态功能区补偿（纵向补偿）、流域补偿（横向补偿）和要素补偿等方面。其中西部补偿和生态功能区补偿属于纵向补偿，包括财政转移支付（政府层面）、国家收购（国家层面）等；流域补偿属于横向补偿，包括补偿与合作和对口支援等方式；要素补偿属于部门补偿，包括建立保护补偿基金、征收破坏补偿税费等，以实现区域均衡和可持续发展。

李文华、井村秀文（2006）[②]将生态补偿定义为一系列特殊的政府行政手段与市场手段，其目的在于对生态环境服务相关利益者的利益关系进行协调，根据生态系统服务的价值、生态保护的成本确定相应的补偿标准。

王兴杰、张骞之等（2010）[③]将生态补偿定义为利益协调工具或制度安排，通过经济方面的补偿促进保护、恢复、改善等工作的积极开展，从而提高生态系统的整体稳定性，并发挥特定的外部效应内部化作用，提高生态环境保护的最终效果。

禹雪中、冯时（2011）[④]明确生态补偿的目的在于保护生态环境并实现生态系统服务的可持续发展，借助经济手段等科学有效的方法，对生态系统保护相关者的利益关系进行协调，降低甚至消除外部性的不利影响，从而实现生态环境保护的持续发展。从其广义内涵来看，生态补

① 万军，张惠远，王金南，等. 中国生态补偿政策评估与框架初探[J]. 环境科学研究，2005（2）：1-8.

② 李文华，井村秀文. 生态补偿机制课题组报告[R]. 2006.

③ 王兴杰，张骞之，刘晓雯，等. 生态补偿的概念、标准及政府的作用——基于人类活动对生态系统作用类型分析[J]. 中国人口·资源与环境，2010，20（5）：41-50.

④ 禹雪中，冯时. 中国流域生态补偿标准核算方法分析[J]. 中国人口资源与环境，2011，21（9）：14-19.

偿可分为奖励和惩罚两种不同的情形，前者是对有利于生态环境保护的行为进行肯定和奖励，后者则是对不利于生态保护的行为进行处罚或者收费，双管齐下提升生态补偿的综合效益，从而实现良好的生态环境保护效果，缓解保护与发展之间的矛盾。

2. 生态补偿标准的确定

欧阳志云、郑华等（2013）[①]认为生态补偿标准应考虑以下因素：一是由生态保护行为引发的直接经济损失；二是因对生态环境的保护而放弃的经济发展所产生的机会成本；三是因生态保护而产生的各种经济投入，包括物质投入和其他投入等。

王军锋、侯超波（2013）[②]结合流域方面生态补偿标准实践，探讨了两种生态补偿机制：水源地生态保护补偿和跨界断面生态补偿，以及这两种生态补偿机制的适合不同补偿标准测算方法。

王兴杰、张骞之等（2010）[③]从理论上研究了作为生态补偿标准的依据，即将影响生态补偿标准的因素确定为额外受益者所获得的生态系统服务额外价值、受损者所面对的成本以及因生态系统服务所造成的额外损失。

孙贤斌、黄润等（2014）[④]利用 GIS 技术和遥感影像数据，针对安徽大别山区的贫困县，对其生态价值、机会成本以及碳排放补偿价值等评价估算，以此确定了生态补偿标准。

① 欧阳志云，郑华，岳平. 建立我国生态补偿机制的思路与措施[J]. 生态学报，2013，33（3）：686-692.

② 王军锋，侯超波. 中国流域生态补偿机制实施框架与补偿模式研究——基于补偿资金来源的视角[J]. 中国人口·资源与环境，2013，23（2）：23-29.

③ 王兴杰，张骞之，刘晓雯，等. 生态补偿的概念、标准及政府的作用——基于人类活动对生态系统作用类型分析[J]. 中国人口·资源与环境，2010，20（5）：41-50.

④ 孙贤斌，王哲，黄润. 安徽大别山国家贫困片区生态补偿标准与扶贫途径研究[J]. 皖西学院学报，2014，30（3）：28-31.

孔凡斌（2010）[①]对东江源三县开展生态建设和环境保护成本—效益分析，综合考虑了工业发展的机会成本问题，结合下游地区经济发展状况制定了一种流域水资源保护补偿标准，为当地水源保护提供了一种科学有效的工具。

王慧丽、黄建新等（2011）[②]运用生态保护成本和生态效益差额定量地研究了跨界饮用水源地生态补偿的标准。不仅克服了以往水源地补偿标准的弊端，而且能够比较准确、相对客观地核算水源地上游的净投入，同时也能够在上下游之间建立起双向激励约束的机制。

张韬（2001）[③]运用机会成本法，从生态建设和管理成本、经济发展成本、社会发展成本等三个方面分别测算了西江流域水源地生态补偿的标准。

3. 生态补偿标准的测量

李国平、王奕淇等（2015）[④]从区域发展角度出发，以流域内各行政区域的生态效益与生态成本间的差额作为生态补偿标准确立方法，构建生态补偿标准计量模型，测算出了南水北调工程中应补偿陕西水源区的损失标准。

徐大伟、常亮等（2012）[⑤]运用条件价值评估法对流域内居民的补偿意愿和支付意愿进行测算，利用非参数、参数估计法等，估算出流域的生态补偿标准。支付意愿与补偿意愿可以真实地反映受访者的实际支付意愿，在一定程度上有效地解决支付意愿原则存在的片面问题，一定程度上可以提升生态补偿标准的合理性。

① 孔凡斌. 江河源头水源涵养生态功能区生态补偿机制研究——以江西东江源区为例[J]. 经济地理，2010，30（2）：299-305.

② 王慧丽，黄建新，卫凯，等. 跨界饮用水源地生态补偿标准定量研究——以平顶山市澧河跨界饮用水源地为例[J]. 农学学报，2011，1（3）：32-36.

③ 张韬. 西江流域水源地生态补偿标准测算研究[J]. 贵州社会科学，2001，261（9）：76-79.

④ 李国平，王奕淇，张文彬. 南水北调中线工程生态补偿标准研究[J]. 资源科学，2015，37（10）：1902-1911.

⑤ 徐大伟，常亮，侯铁珊，等. 基于 WTP 和 WTA 的流域生态补偿标准测算——以辽河为例[J]. 资源科学，2012，34（7）：1354-1361.

禹雪中、冯时（2011）[①]在研究污染赔偿标准时，提出了一种基于出境断面水质超标状况的补偿金确认机制。

4. 生态补偿的模式

王军锋、侯超波（2013）[②]以上下游政府为补偿主体，研究了流域生态补偿模式，并将生态补偿模式划分为协商交易、共同出资、财政转移支付和政府间强制扣缴四种生态补偿类型，并对每种生态补偿模式的特点和适用条件进行详细阐述，提出了完善生态补偿机制的新思路。

刘晶、葛颜祥（2011）[③]通过分析和探索浙江金华流域等全国各地生态补偿市场模式的实践，分别从确认补偿主体、明确补偿标准、运作方式等方面，构建了基于市场机制的水源地生态补偿模式，通过这种生态补偿模式，可以改善和提高水源地的生态环境。

5. 生态补偿机制的建立

曲富国、孙宇飞（2014）[④]基于博弈论的视角，通过构建成本—收益博弈模型，研究了我国上下游政府之间的生态补偿问题，研究表明：只有通过政府之间财政转移支付或签订有约束力的协议，才能解决上下游水环境保护的失效问题，以实现生态补偿效益最大化，在此基础上，针对完善相关法律法规建设、补偿比例分担、签订补偿协议等方面提出了建立和完善我国生态补偿机制的具体建议和措施。

曾贤刚、刘纪新、段存儒等（2018）[⑤]以五马河流域为例，利用转化

---

① 禹雪中，冯时. 中国流域生态补偿标准核算方法分析[J]. 中国人口·资源与环境，2011，21（9）：14-19.

② 王军锋，侯超波. 中国流域生态补偿机制实施框架与补偿模式研究——基于补偿资金来源的视角[J]. 中国人口·资源与环境，2013，23（2）：23-29.

③ 刘晶，葛颜祥. 我国水源地生态补偿模式的实践与市场机制的构建及政策建议[J]. 农业现代化研究，2011，32（5）：596-600.

④ 曲富国，孙宇飞. 基于政府间博弈的流域生态补偿机制研究[J]. 中国人口·资源与环境，2014，24（11）：83-88.

⑤ 曾贤刚，刘纪新，段存儒，等. 基于生态系统服务的市场化生态补偿机制研究——以五马河流域为例[J]. 中国环境科学，2018，38（12）：4755-4763.

及其效应模型（CLUE-S）模拟出该流域的土地利用和覆被情况，进而运用SWOT分析模型估算出该流域当前及未来两种情境下的生态服务价值。

欧阳志云、郑华等（2013）[①]基于统筹人与自然和谐发展的视角，从生态补偿地域范围、载体与对象以及经济标准核算方法等提出了建立生态补偿机制的基本思路和措施，以期协调人和自然之间的和谐发展与统一。

郗永勤、王景群（2020）[②]从流域内生态补偿各参与主体的视角，以各利益相关者的角度，基于权责一致、公开公正等四个基本原则，拟从流域系统运行机制、科学管理机制和沟通联结机制等方面构建流域生态补偿机制。

王军锋、侯超波等（2011）[③]以子牙河流域生态补偿机制为研究对象，基于市场主导和政府主导两者补偿模式，从监管体系、政策框架等维度分析了该流域的生态补偿机制，得出了此补偿机制属于政府主导型的结论。

6. 绿色发展与生态补偿相互关系的研究

湛江市依法行政研究会课题组（2015）[④]为了实现湛江的绿色发展与生态富民目标，促进湛江的经济社会发展和环境保护，需要建立一套完善的生态补偿机制。具体从下面几个方面进行：第一，政府应建立一套生态保护体系，确定补偿程序、途径与方式，在此基础上考核该地区的生态建设和环境保护情况，根据考核的结果确立补偿标准，并通过财政转移支付给予补偿。第二，搭建多方协商平台，通过制定和完善政策支持、制度保障措施，支持和鼓励各方通过协商建立横向补偿。目前，

---

① 欧阳志云，郑华，岳平. 建立我国生态补偿机制的思路与措施[J]. 生态学报，2013，33（3）：686-692.

② 郗永勤，王景群. 市场化、多元化视角下我国流域生态补偿机制研究[J]. 电子科技大学学报（社会科学版），2020，22（1）：54-60.

③ 王军锋，侯超波，闫勇. 政府主导型流域生态补偿机制研究——对子牙河流域生态补偿机制的思考[J]. 中国人口·资源与环境，2011，21（7）：101-106.

④ 湛江市依法行政研究会课题组. 以生态补偿促进绿色发展和生态富民——湛江市生态发展路径分析[J]. 广东经济，2015（4）：72-77.

需要尽快建立和完善生态补偿机制，比如对湛江湾生态环境、自然保护区建设、水源涵养区建设的补偿和对生态文明村镇建设的补偿。

刘桂环（2016）[①]认为建立和完善生态补偿机制可以推动绿色发展，促进生态环境保护和经济社会持续发展，同时可以加快推动“两型社会”建设；更进一步地建立和完善生态补偿机制也会促进地区之间、利益群体之间的社会和经济协调，推动不同区域之间民众的公共服务均等化。

申进忠（2019）[②]认为农业生态补偿对南疆四地州地区农业绿色发展具有重要的现实意义，不仅可以强化该地区的农业生态管理系统，而且有助于增加农业收入，发挥产业脱贫的作用。同时提出了利用多种生态补偿方式、建立生态补偿载体等具体的实施路径。有利于将该地区的农业增收和绿色发展结合起来，充分发挥该地区的自然资源的优势，为践行绿色发展建立长效机制。

张叶、张国云（2010）[③]认为我国“十二五”期间在节能减排和环境保护方面取得了很大的成绩，但是同时指出，还有诸多因素，如经济过快增长、环境污染、全球化趋势等制约了我国的绿色发展，因此，从制度等层面提出了我国绿色经济发展的路径和具体的政策建议。

此外，部分学者从绿色发展战略的实施（刘纯彬，张晨，2009）[④]、绿色发展政策的制定和支持（胡鞍钢，2014）[⑤]，以及绿色发展的制约或驱动因素（季铸等，2012）[⑥]等方面进行了有益的探索，并认为生态补偿不仅可以促进绿色发展，而且为绿色发展提供了机制保障。

---

① 刘桂环. 健全生态补偿机制是绿色发展需求[N]. 中国环境报，2016-04-01（3）.

② 申进忠. 运用生态补偿推动南疆四地州农业绿色发展的政策思考[J]. 经营与管理，2019（11）：97-100.

③ 张叶，张国云. 绿色经济[M]. 北京：中国林业出版社，2010.

④ 刘纯彬，张晨. 资源型城市：绿色转型与一般经济转型比较[J]. 开放导报，2009（3）：57-61.

⑤ 胡鞍钢，周绍杰. 绿色发展：功能界定、机制分析与发展战略[J]. 中国人口·资源与环境，2014，24（1）：14-20.

⑥ 季铸，白洁，孙瑾，等. 中国300个省市绿色经济与绿色GDP指数（CCGEI2011）绿色发展是中国未来的唯一选择[J]. 中国对外贸易，2012（2）：24-33.

1.3.2 有关环境会计的研究

环境会计是生态环境补偿会计的研究起点，国内外学者对此进行了广泛的探讨。

1. 国外相关研究动态

20 世纪 50 年代以来，随着世界经济的快速发展，工业化、城镇化的不断加快，环境问题日益凸显，成为政府和许多学者们关注的重点，特别是 20 世纪 70 年代以来，国外众多学者开始关注并研究环境问题，与此同时，环境会计也开始受到关注并成为学者们研究的重要内容。其中最具有代表性的是比蒙斯（F.A.Beams）于 1971 年在会计学月刊上发表论文，提出了企业承担污染成本的计量方法和计量标准，以及控制污染的社会成本和企业给提成本之间的转换。随后，1973 年，另一位学者马林（J.T.Marlin）也对污染企业的核算进行了研究，并提出污染计量的合理性且遵循真实性原则。另外，国际组织、美国、日本、加拿大、欧盟等政府或组织对环境会计展开了大量的研究，环境会计研究逐渐兴起。

（1）国际组织的相关研究

国际组织主要从环境成本和负债的核算、会计处理和财报披露等角度研究环境会计。比如 1998 年联合国国际会计和报告标准政府间专家工作组（International Standards of Accounting and Reporting，ISAR）第 15 次会议讨论通过的《环境成本和负债的会计与财务报告》和 1999 年通过的《环境会计和报告的立场公告》等，这些报告和公告的发布，标志着国际有关环境会计和财务报告会计处理的国际标准和统一规范要求开始正式形成。

21 世纪初，全球报告倡议组织（Global Reporting Intiative，GRI）于 2000 年发布了《可持续发展报告指南》一代；2002 年在约翰内斯堡的可持续发展峰会上发布了《可持续发展报告指南》修订版二代，简称 G2；2006 年，在阿姆斯特丹发布了《可持续发展报告指南》第三版，简称 G3。《指南》指出应将自然资源消耗、环境负荷等纳入可持续发展报告中。同期，世界银行要求各国企业在进行会计核算时要增设环境账户，在遵循会计客观性原则的基础上反映环境相关成本，以便真实地核算企业的增长业绩。

（2）美国的相关研究

美国在环境会计方面的研究和应用起步较早，在世界上处于领先的水平。自 20 世纪 70 年代以来，美国政府先后发布并逐步完善了环境保护法律法规，对企业的环境行为和环境活动进行规范的会计核算和处理，使企业在会计核算中承担相应的环境成本和环境债务。

在美国主要有三大机构对环境会计的研究和应用起推动作用。第一大机构是美国财务会计准则委员会（Financial Accounting Standards Board，FASB）。1975 年，FASB 在颁布的第 5 号会计准则《或有负债会计》中提出了如何处理环境负债等问题。之后，发布了《EITF89-3 石棉清除成本会计处理》和《EITF90-8 环境污染费用的资本化》。进入 21 世纪以来，FASB 陆续发布了《FAS143 资产弃置义务会计处理》《FIN47 有条件资产弃置义务处理》和《FAS144 长期资产减值与处置会计》三个文件，并要求相关的企业在会计核算时确定环境负债以及对因环境原因对长期资产造成的减值进行规范。2006 年，FASB 发布了《GASBS49 污染修复义务的会计处理与财务报告》，报告中明确了污染修复支出及其引起的负债确认与计量、补偿的会计处理，对相关信息披露进行了详细的规范。

第二大机构是美国环境保护局。1990 年，该机构组织编写了《环境会计导论：作为一种企业管理工具》一书，明确了环境会计的内涵，并为企业的会计处理提供了技术指南。1995 年，环境保护局再次发布《鼓励自我监督：发现、披露、改正和防止违法》，提倡并鼓励企业自愿进行环境会计核算，对自觉改正环境违法行为的企业减免部分法律处罚。

第三个组织是美国证监会（Securities and Exchange Commission，

SEC）。1993 年，美国证监会发布了关于环境问题的会计公告，明确上市公司就环境会计中的环境问题和报告予以充分披露并详细说明，对环境信息披露不充分的企业给予相应的处罚，并予以公示。

除此之外，美国的一些行业协会如美国注册会计师协会（American Institute of Certified Public Accountants，AICPA）、美国材料与实验协会（American Society for Testing and Materials，ASTM）发布了《SOP96-1 环境修复负债》《E2137 估计环境事项成本与负债金额的标准指南》等文件，并对环境成本、环境负债及与环境问题相关的一些会计处理提供了一些指导性的意见。

（3）加拿大的相关研究

加拿大在环境会计的研究上主要受美国的影响，加拿大特许会计师协会、加拿大标准协会和加拿大财务经理协会等机构对环境会计的研究起主要推动作用，并取得了很大的成效。

1993 年，加拿大特许会计师协会（Canadian Institute of Chartered Accountants，CICA）发布了《环境成本与负债：会计与财务报告问题》，并对环境相关信息提出了明确的要求。同时发布报告《环境审计与会计职业的作用》，该报告解答了环境审计以及职业会计师如何提供环境审计服务等相关问题。1994 年，加拿大会计师协会、加拿大标准协会和加拿大财务经理协会共同发布了《环境绩效报告》，该报告对企业相关的环境信息披露作出了明确的要求和规定。此后，加拿大管理会计师协会发布了一系列有关环境问题的文件和报告，如《管理会计指南》等对公司的环境战略、环境会计工具等的实施和应用做出了有益的探讨和尝试。

（4）日本的相关研究

1999 年以来，环境会计在日本快速发展，1999 年 3 月，日本环境省颁布了《关于环保成本公示指南》，将环境成本具体划分，并对提取环境负债准备金和明确环境资产折旧费的会计处理做出了规定。21 世纪以来，环境厅又颁布了《环境会计指南手册（2002）》《企业环境业绩指标指南（2002）》《环境保全成本分类程序（2003）》《环境会计指南手册（2005）》等文件，明确提出了环境会计的基本框架，为环境会计核算和信息披露等提供基本思路。随着循环经济在日本受到日益关注，日本政府颁布了一系列有关循环经济和新环境的基本法，并修改和订正了多项环境法律法规，完善了相关环境法律，加强了人民的环保意识，改变了企业的环境行为。

（5）欧盟的相关研究

1999 年 7 月，欧盟颁布了《在企业决算及报告方面确认、计量和提示环境问题的讨论文件》，欧洲化学工业理事会（European Chemical Industry Council，CEFIC）颁布了《环境保护指南》，它们都明确指出，企业应该进行环境会计核算，披露环境会计信息。此后，欧洲各国开始积极开展对环境会计信息披露的研究，并把环境会计在实践中加以应用。

2. 国内相关研究动态

20 世纪 90 年代，我国逐步开始对环境会计展开研究，学者们从不同视角出发，对环境会计的相关问题进行研究，并取得了相应的成果。1992 年，葛家澍与李若山发表了《九十年代西方会计理论的一个新思潮——绿色会计理论》[①]一文，确立了环境会计的内容，把西方的环境会计理论引入国内，并指出绿色会计理论研究将成为一个趋势。2001 年 3 月，绿色会计委员会成立；6 月，经过财政部的批准，环境会计专业委员会成立，这也代表着我国环境会计发展的新阶段；2006 年颁布的《企业会计准则第 4 号——固定资产》《企业会计准则第 13 号——或有事项》《企业会计准则第 27 号——石油天然气开采》，以及 2007 年国家环保总局发布的《环境信息公开办法（试行）》都表明国家和政府愈发注重环境会计。国内有关环境会计的代表性研究成果主要集中在以下几个方面。

① 葛家澍，李若山. 九十年代西方会计理论的一个新思潮——绿色会计理论[J]. 会计研究，1992（5）：1-6.

（1）对国外环境会计理论与实务的介绍

1992 年葛家澍、李若山发表了《九十年代西方会计理论的一个新思潮——绿色会计理论》一文，引发了许多会计理论与实务工作者对环境会计问题的研究。随后，孟凡利（1996[①]，1997[②]）对西方环境会计的发展现状以及加拿大特许会计师协会环境会计进行了详细分析。陈毓圭（1998）[③]发表了《环境会计和报告的立场公告》，该公告介绍环境会计的国际指南。乔世震（2003）[④]对欧洲环境会计进行了介绍。郭晓梅、洪华生（2002）[⑤]认为环境会计有以下分支：宏观与微观环境会计，报告、审计和管理会计。肖维平（1999）[⑥]，安庆钊（1999）[⑦]对环境会计的内容、基本原则和假设进行了研究。

（2）关于环境会计基本理论的探讨

学者对环境会计的基本假设、基本原则和环境会计要素等环境会计基本理论进行了深入的讨论。具体如下。

① 环境会计基本假设。有的学者（罗绍德等，2001）[⑧]认为环境会计与传统会计假设并没有区别，有的学者则认为在传统会计基础上需要扩充会计主体假设，还有的学者提出需要扩充货币计量假设（孟凡利，1999；李心合等，2002）[⑨]。

② 环境会计基本原则。许多学者认为环境会计核算要遵循一般会计核算和独特核算的双重原则。项国闯（1997）[⑩]认为环境会计核算还应遵

① 孟凡利. 西方环境会计发展现状及成因分析[J]. 财会研究，1996(10)：30-31.
② 孟凡利. 环境会计：亟待开发的现代会计新领域[J]. 会计研究，1997（1）：18-21.
③ 陈毓圭. 环境会计和报告的第一份国际指南[J]. 会计研究，1998，19(5)：1-8.
④ 乔世震. 欧洲的环境会计[J]. 中国发展，2003（1）：41-45.
⑤ 郭晓梅，洪华生. 西方环境会计学发展综述[J]. 世界环境，2002(2)：37-39.
⑥ 肖维平. 环境会计基本理论研究[J]. 财会月刊，1999（5）：10-11.
⑦ 安庆钊. 环境会计理论结构浅探[J]. 财会月刊，1999（8）：5-7.
⑧ 罗绍德，任世驰. 论环境会计的几个基本理论问题[J]. 四川会计，2001(7)：9-10.
⑨ 李心合，汪艳，陈波. 中国会计学会环境会计专题研讨会综述[J]. 会计研究，2002（1）：58-62.
⑩ 项国闯. 在中国建立绿色会计的构想[J]. 财会月刊，1997（3）：10-11.

循政策性、多种计价、社会性、预警性原则。孟凡利（1999）[①]认为环境会计要体现独特性原则，比如外部影响内部化、兼顾经济和环境效益等。

③ 环境会计要素。“三要素论”认为环境会计要素包括环境资产、负债和成本，还有学者认为不应包括环境资产和环境负债，而应将环境收入和收益纳入要素（孙兴华、王维平，2000）[②]。“四要素论”则认为环境会计要素为环境污染损失、自然资源损耗、环境保护支出和环境保护收益（李宏英，1999）[③]。“五要素论”认为环境会计要素为环境资产、环境负债、环境权益、环境损失和环境收益。“六要素论”（陆玉明，1999）[④]则在五要素论基础上增加了环境费用要素。

（3）关于环境会计要素计量的研究

环境会计要素计量是环境会计研究的基础，学者们主要围绕环境会计计量单位、计量基础和计量方法进行了讨论。对于环境会计计量单位，大多数学者主张采用定量与定性相结合的方式，以货币计量为主，同时兼用实物单位。因此，环境会计在计量单位的选择上具有多元性（许家林等，2006）[⑤]。计量基础是历史成本、现行成本、重置成本、边际成本、机会成本和替代成本的多重计量。计量方法有影子价格法、替代品评价法、机会成本法、资产价值法、调查评价法等（王大勇、解建立，2006）[⑥]。另外，有学者认为要实现环境会计计量的绝对准确是不现实的（李江涛等，2005）[⑦]。

---

① 孟凡利．论环境会计信息披露及其相关的理论问题[J]．会计研究，1999（4）：17-26.
② 孙兴华，王维平．关于在中国实行绿色会计的探讨[J]．会计研究，2000（5）：59-61.
③ 李宏英．论环境会计[J]．财会研究，1999（5）：13-15.
④ 陆玉明．“绿色会计”核算内容[J]．经济研究参考，1999（5）：25-26.
⑤ 许家林，王昌锐．论环境会计核算中的环境资产确认问题[J]．会计研究，2006（1）：25-29，93.
⑥ 王大勇，解建立．环境会计确认与计量问题探讨[J]．学术交流，2006（5）：126-130.
⑦ 李江涛，李月娥，张静．环境会计计量和报告中若干问题的研究[J]．财会通讯（学术版），2005（8）：64-66.

肖序和熊菲（2015）[①]使用物质流成本会计对某电解铝厂进行了“物质流—价值流”分析；肖序、曾辉祥和李世辉（2017）[②]构建了可以将宏观、次宏观和微观环境会计联系到一起的“物质流—价值论—组织”三维模型；周烨（2020）[③]运用物质流成本法识别了风电企业的污染减排量，并在此基础上计算出了环境间接收入。雷娜、韩霁昌、王欢元等（2015）[④]提出能值分析法可以用于衡量生态效益的外部性；黄晓荣、秦长海、郭碧莹等（2020）[⑤]认为货币不能充分衡量自然资源对人类经济社会发展的贡献，基于能值分析编制了水资源资产负债表。

（4）关于环境会计信息披露的研究

学者们的研究主要集中在会计信息的披露动因、披露内容及披露形式上。

第一，关于环境会计信息披露动因方面，马文超（2016）[⑥]研究发现，企业披露环境会计信息的动因是基于政府的环境管制压力，另外，政治成本也是企业披露环境会计信息时需要考虑的重要因素。有部分学者认为我国对政府官员实行离任自然资源审计，用制度保护环境，促进企业履行环境保护责任，使企业定期地披露有关的环境会计信息（齐志明，2018[⑦]；陈诗一、陈登科，2018[⑧]）。此外，有学者认为，媒体压力

---

① 肖序，熊菲. 环境管理会计的 PDCA 循环研究[J]. 会计研究，2015（4）：62-69，96.

② 肖序，曾辉祥，李世辉. 环境管理会计“物质流—价值流—组织”三维模型研究[J]. 会计研究，2017（1）：15-22，95.

③ 周烨. 物质流成本会计方法下的环境收入计量分析[J]. 财会通讯，2020（11）：101-104.

④ 雷娜，韩霁昌，王欢元，等. 基于能值分析的农田防护林生态效益外部性会计计量研究[J]. 陕西农业科学，2015，61（6）：96-99，103.

⑤ 黄晓荣，秦长海，郭碧莹，等. 基于能值分析的价值型水资源资产负债表编制[J]. 长江流域资源与环境. 2020，29（4）：869-878。

⑥ 马文超. 经济业绩与环境业绩的因果之谜：省域环境竞争对企业环境管理的影响[J]. 会计研究，2016（5）：71-78.

⑦ 齐志明. 欠下生态账，不能没交代[N]. 人民日报，2018-01-29（2）.

⑧ 陈诗一，陈登科. 雾霾污染、政府治理与经济高质量发展[J]. 经济研究，2018（2）：20-34.

（吴德军，2016[①]；周开国，2016[②]）、社会声誉压力（Chen 等，2018）[③]和公司治理（刘琨、吴云帆等，2019）[④]等方面也是企业披露环境会计信息的动因。

第二，环境会计信息披露内容方面，孟凡利（1999）[⑤]认为环境信息披露的内容应该包括财务影响和环境绩效；耿建新等（2002）[⑥]认为企业环境会计信息披露应包括环境问题、方案以及环境披露内容；张孟、王鑫（2017）[⑦]研究指出，相比日本的企业，我国企业披露的环境会计信息范围较窄，而且同一家企业报告和以前年度披露的内容多有相似。秦军、郭江涵（2020）[⑧]研究也发现同美国企业披露环境会计信息相比，我国企业在披露环境成本方面的内容较少，并且多以文字描述环境会计的相关信息，缺少诸如具体金额披露等定量化描述的信息。同时企业对环境负债等披露较少，并未对环境资产和环境负债建立独立的会计账户。

第三，环境会计信息披露形式方面，李姝认为一是披露环境指标的形式，二是采用价值的形式（李姝，2004）[⑨]；李江涛等（2005）认

① 吴德军. 公司治理、媒体关注与企业社会责任[J]. 中南财经政法大学学报，2016（5）：110-117.

② 周开国，应千伟，钟畅. 媒体监督能够起到外部治理的作用吗[J]. 金融研究，2016（6）：193-206.

③ CHEN Y，HUANG M Y, WANG Y. The effect of mandatory CSR disclosure on firm profitability and social externalities[J]. Journal of Accounting and Economics, 2018（2）：169-190.

④ 刘琨，吴云帆，牟世友. 上市公司环境会计信息披露实证研究——以云南省为例[J]. 会计之友，2019（3）：123-126.

⑤ 孟凡利. 论环境会计信息披露及其相关的理论问题[J]. 会计研究，1999（4）：17-26.

⑥ 耿建新，焦若静. 上市公司环境会计信息披露初探[J]. 会计研究，2002（1）：43-47.

⑦ 张孟，王鑫. 中日轮胎企业社会责任披露内容比较分析[J]. 商业会计，2017（15）：70-72.

⑧ 秦军，郭江涵. 中美上市公司环境会计信息披露对比研究——基于工业水污染行业视角[J]. 财会通讯，2020（3）：158-162.

⑨ 李姝. 浅谈我国环境会计的计量与报告[J]. 经济问题，2004（1）：24-26.

为另有一种形式是编制专门的会计报告，而环境报告主体应为上市公司。付程（2007）[①]认为，企业在披露环境会计信息时，为了提高环境会计信息的相关性，可以采用独立环境会计报告和详细环境会计报告结合的新披露模式，同时在价值法与事项法结合的基础上，对企业相关的环境会计信息予以披露。刘翠英、解媛等（2018）[②]通过调查研究发现，我国重污染行业披露环境会计信息基本上采取招股说明书、年度财务报告、环境报告以及媒体和互联网这四种方式进行。此外，张宏亮、朱雅丽等（2016）[③]认为，我国企业环境会计信息披露方式现已丰富和系统化，已经形成了以环境会计报表为主体的基本框架。蒋乐平（2018）[④]认为，为了最大限度地满足现有信息使用者和潜在信息使用者的需求，企业在披露环境会计信息时可以应用区块链技术的去中心化和公开透明的特点，同时选择适合的披露模式，保证信息需求者处于企业独立环境会计报告和补充报告的双披露模式下，使环境会计信息更具有有效性和实效性。

（5）环境管理会计的研究

环境管理会计是环境会计不可或缺的一个重要组成部分。自肖序等（2005）以及朱智勇（2008）等学者向国内引入了不少环境管理会计研究方法以及环境管理会计工具以后，环境管理会计理论的研究进入了一个高潮，学者们从不同理论视角出发对环境管理会计理论进行了诠释。主要从环境管理会计的含义、环境管理会计体系和环境管理会计方法（工具）的应用等方面进行了有益的探索。

---

① 付程. 事项法与价值法结合：环境会计信息披露新模式[J]. 山西财经大学学报，2007（S1）：155，162.

② 刘翠英，解媛，王欣，等. 上市公司环境会计信息披露调查及经济后果分析——以重污染行业为例[J]. 财会通讯，2018（25）：15-19.

③ 张宏亮，朱雅丽，蒋洪强. 企业环境资产负债表编制方法探析[J]. 会计之友，2016（9）：23-29.

④ 蒋乐平. 区块链视角下环境会计信息系统的优化与融合[J]. 财会月刊，2018（19）：52-56.

第一，关于环境管理会计的含义的探讨。雷珺燕（2013）[①]认为环境管理会计是环境会计与管理会计交叉结合形成的新兴学科；干胜道、钟朝宏（2004）[②]认为，环境管理会计是企业或其他机构为了实现环境业绩和财务业绩的双赢，融入环境指标对财务信息和非财务信息进行程序处理的会计系统。而多数观点认为环境管理会计的终极目标是秉承可持续发展理念，同时注重经济效益、环境效益和生态循环规律。如，陈煦江（2004）[③]认为其终极目标是经济、环境与社会总效益的最大化。

第二，关于环境管理会计体系的探讨。田雪峰（2008）[④]构建了油田企业的环境管理会计体系；翟登峰（2013）[⑤]提出了构建以风险为导向的环境管理会计体系；赖润泽（2016）[⑥]对国际最新进展下的环境管理会计体系进行了研究。总之，现有研究认为，环境管理会计体系是涉及多角度的一系列环境管理理论知识结构和方法。

第三，关于环境管理会计方法（或工具）的应用的探讨。肖序、曾辉祥和李世辉（2017）[⑦]构造了融入元素和价值链条与融入物质、价值和组织链条的三维模型；宋启红、曹明才（2016）[⑧]研究了环境管理会计工具的分类及其应用；陈威、侯晓佼（2015）[⑨]分析了大数据背景下

① 雷珺燕. 环境管理会计浅探[J]. 财会通讯，2013（28）：127.
② 干胜道，钟朝宏. 国外环境管理会计发展综述[J]. 会计研究，2004（10）：84-89.
③ 陈煦江. 环境管理会计理论结构与应用方法探索[J]. 财会通讯，2004（18）：54-57.
④ 田雪峰. 油田企业战略环境管理会计体系的构建设想[J]. 财会月刊，2008（23）：86-88.
⑤ 翟登峰. 环境管理会计体系构建新视角——基于风险导向型角度分析[J]. 经济研究导刊，2013（29）：207-208.
⑥ 赖润泽. 新经济形势下企业环境管理会计的发展[J]. 商场现代化，2016（20）：151.
⑦ 肖序，曾辉祥，李世辉. 环境管理会计“物质流—价值流—组织”三维模型研究[J]. 会计研究，2017（1）：15-22.
⑧ 宋启红，曹明才. 环境管理会计工具的分类及其应用研究[J]. 现代商业，2016（25）：155-156.
⑨ 陈威，侯晓佼. 基于大数据的环境管理会计信息系统的信任影响因素分析[J]. 国际商务财会，2015（12）：88-90.

环境管理会计系统在我国的应用。

此外，有学者从环境成本计算的角度探讨了环境管理会计，学者认为计算时应采用 FCA 法（全部成本法），而外部环境成本的计算有控制成本法和损害函数法。另外对环境成本的归集分配，应采用 ABC 法（作业成本法）。而对于成本控制问题，应从事后处理转变为事前规划，还有些学者认为 LCC 法（生命周期法）也是一种很好的方法，这种方法将环境成本的涵盖范围都考虑在企业的生产经营中（郭晓梅，2004）①。

（6）环境会计应用的研究

近年来，随着西部大开发的开展，一些学者开始研究西部大开发中的环境会计问题。周一虹（2003）②分析了西部大开发中应用环境会计的必要性和可行性，认为西部大开发给我国环境会计理论的发展及应用和“十五”带来了历史机遇。沈洪涛等（2021）③通过对电网企业 A 公司的深度调研，基于环境会计基本理论和企业现行会计制度，构建了环境会计核算体系，并以 A 公司的 W 项目为例，通过环境支出识别、环境数据提取、环境数据核算与评估，在实务层面探索环境会计核算体系的构建。在借鉴已有理论研究和各国优秀实践的基础上进行创新设计，为 A 公司构建了环境会计核算体系，并将其实际运用到具体的项目中。

此外，学者们对环境会计在一些特殊行业中的应用也进行了探讨，比如煤炭企业、火力发电企业。黄静（2002）④从环境投资成本与效益出发，研究如何对煤炭企业实行环境会计。万林葳（2008）⑤从资源浪费核算、环境破坏损失、企业对自然资源节约以及对环境的保护情况等

① 郭晓梅. 环境管理会计简论[J]. 财会通讯，2004（13）：61-62.

② 周一虹. 西部大开发中环境会计应用探讨[J]. 甘肃广播电视大学学报，2003（4）：24-28.

③ 沈洪涛，李艺苑，毛婕. 企业环境会计核算体系的构建研究——以电网企业 A 公司为例[J]. 会计之友，2021（10）：129-135.

④ 黄静. 环境会计在煤炭企业的应用[J]. 中国煤炭，2002（5）：20-21，24.

⑤ 万林葳. 关于火力发电企业设立环境会计必要性的探讨[J]. 全国商情（经济理论研究），2008（11）：100-101.

三个方面探讨了火力发电企业设立环境会计必要性。王贵（2019）[①]以太白酒业为例，将物质流成本会计引入企业环境成本核算的要点、程序方法，清晰地反映各个生产环节的资源消耗情况，从中发现问题，以实现环境保护和企业效益的双赢。胡红梅（2019）[②]以对环境依赖性较大的旅游企业为研究对象，系统阐述环境会计的含义及要素分类，深入探讨旅游企业环境资产、负债、成本及收益等内容的确认及计量，为旅游企业建立完善的环境会计体系、为企业实现健康发展提供一定的理论指导。赵海侠（2018）[③]以造纸及纸制品上市公司为例，对其环境会计信息披露现状进行统计分析，并采用回归分析法构建多元回归模型。实证研究发现，上市公司资产负债率、政府对上市公司重视程度、编制企业社会责任报告和上市公司通过ISO环境管理体系认证这四个因素都与公司环境会计信息披露水平呈正相关，为此提出造纸及纸制品上市公司环境信息披露诸如提高全民环保意识、强化环境会计信息分类和选择合适的环境会计信息披露方式的改进建议，以提高造纸及纸制品上市公司环境信息披露水平。王海婧（2018）[④]以我国医药制造业上市公司数据为样本，分析其环境会计信息披露现状及存在的问题，并就完善环境会计信息披露提出了几点建议。

1.3.3 有关生态会计的研究

1. 关于生态会计理论研究

有些学者认为生态会计是传统会计领域的发展，认为两者的不同在

---

① 王贵. 基于物质流成本会计的企业环境成本核算体系应用——以太白酒业为例[J]. 财会通讯，2019（16）：83-87.

② 胡红梅. 旅游企业环境会计确认与计量问题探讨[J]. 财会通讯，2019（1）：54-58.

③ 赵海侠. 我国上市公司环境信息披露探究——以造纸及纸制品业为例[J]. 会计之友，2018（23）：71-75.

④ 王海婧. 医药制造业上市公司环境会计信息披露问题与对策[J]. 财务与会计，2018（11）：69-70.

于核算方法的不同。例如，Parker 等（1971）[①]就是依据生态会计概念来分析企业环境问题的。Gray 等学者（2014）[②]认为生态会计应使用实物、货币单位结合的计量方式，单独确认、计量。而有些研究者持有不同观点，例如澳大利亚学者 StefanSchaltegger 和 RogerBuirtt（2000）[③]认为生态会计是传统会计领域之外的新发展。著名学者 FrankBirkin（2003）[④]认同此说法，从内部生态会计出发，认为生态会计以生态和经济两个领域的概念、计量单位为基础。

在生态会计方面，日本学者的研究视角重在考虑资源紧缺、土地有限的实际。著名教授黑泽清首次使用生态会计这一用语，又深入分析了生态环境破坏引发的问题。后来，八木裕之等（2009）[⑤]重点对政府、经济以及企业层面的环境会计进行生态会计实务研究。另外，河野正男（2006）[⑥]基于流域水供给的相关问题，认为环境会计应着重把握经济、社会要素，他的思想为日本的环境会计奠定了基础。

对于生态会计含义的研究，我国学者大致沿用澳大利亚学者 Stefan Schaltegger 和 RogerBuirtt 的观点，例如，于玉林（2013）[⑦]运用货币和生物物理计量相结合的方法，认为生态会计是环境会计的延伸，针对企业的高能耗、高污染，以及企业与环境之间的一系列经济活动进行相关核算。有些学者从内部环境会计出发，从其内涵以及与环境会计的区别

---

① PARKER R B. WAUD D R. Pharmacological estimation of drug-receptor dissociation constants. Statistical evaluation. I. Agonists. [J]. J Pharmacol Exp Ther，1971，177（1）：1-12.

② KI-HOON LEE, YONG WU. Integrating sustainability performance measurement into logistics and supply networks: Amulti-methodological approach[J]. The British Accounting Review，2014（10）.

③ STEFAN SCHALTEGGER, ROGER BURITT. Contemporary environmental accounting: issues, concepts and practice[M]. Greenleaf Publishing, 2000.

④ FRANK BIRKIN. Management accounting for sustainable development[J]. Managment Accounting, 1997, 75（10）：52-54.

⑤ 八木裕之. 以生物资源为对象的环境会计的展开[M]. 东京：森山书店，2008.

⑥ 河野正男. 环境构建一国际的展开[M]. 东京：森山书店，2006.

⑦ 于玉林. 基于改革创新：环境相关会计学科发展的哲学分析[J]. 现代会计，2013（6）：7-15.

等方面进行研究，认为生态会计运用物理量单位计量法，反映企业和环境之间关系的综合信息系统，为会计系统提供了多层次信息，进而让企业获得最优生态效益和经济效益（耿建新等，2007[①]；张亚连等，2012[②]；刘召丽等，2015[③]；游峻杰，2016[④]）。由此可看出，学者们的观点虽有所差别，但都是为了提高企业生态、经济效益。

对于生态会计框架的研究，钟子亮和杨宗昌（2002）[⑤]从外部生态会计和内部生态会计的角度分别进行介绍，为生态会计的发展奠定良好基础。秦艳等（2007）[⑥]对生态环境信息报告的内容做了相关说明。于玉林（2014）[⑦]设计了生态会计框架，包括15项内容。随后，周志方、欧静（2014）[⑧]从内部生态会计角度出发，指出生态会计是综合了经济、自然与资源后的环境会计。杨海平（2016）[⑨]提出生态会计框架设计可以在传统会计核算流程的基础上进行核算，以上这些观点都促进了我国环境会计的发展。

还有学者从国家宏观角度进行分析，例如，杜殿明（2012）[⑩]指明生态会计对于社会、经济发展的重要性。沈洪涛、廖菁华（2013）[⑪]也指出生态会计及会计信息的重要性。于玉林（2014）[⑫]以生态文明建设为视

---

① 耿建新，曹光亮．论生态会计概念[J]．财会月刊，2007（2）：3-5.
② 张亚连，张卫枚．生态会计探微[J]．财会通讯，2011（2）：78-79.
③ 刘召丽，苏方玉．浅谈我国生态会计的构建[J]．时代金融，2015（5）：194-199.
④ 游峻杰．试论我国生态会计的建立[J]．商场现代化，2016（7）：218-220.
⑤ 杨宗昌，钟子亮．关于生态会计的构思[J]．四川会计，2002（7）：6-8.
⑥ 秦艳，黄丽君．浅析企业对外生态会计[J]．中国环境管理，2007（1）：10-13.
⑦ 于玉林．基于生态文明建立生态会计的探讨[J]．绿色财会，2014（1）：3-9.
⑧ 周志方，欧静．生态会计：发展动态综述与框架体系设计[J]．财会通讯，2016（4）：4-10.
⑨ 杨海平．生态会计核算模式构建研究[J]．江苏商论，2016（36）：130-131.
⑩ 杜殿明．生态会计发展的问题与对策探讨[J]．经济研究导刊，2012（8）：121-122.
⑪ 沈洪涛，廖菁华．会计与生态文明制度建设[J]．会计研究，2014（7）：12-16.
⑫ 于玉林．基于生态文明建立生态环境会计的探讨[J]．绿色财会，2014（1）：3-9.

角，讨论了生态会计对于当今社会建设的重要性。阙啸啸（2014）[①]也指出生态会计是促进企业发展的重中之重。刘召丽、苏方玉（2015）[②]则分析了我国生态会计的不足，并针对这些不足提出建议。综上可看出，生态会计的发展离不开时代背景的支撑。

除此之外，还有一部分学者从生态效益外部性、生态价值、补偿、收益等角度出发，采取不同的方法及核算体系研究外部影响内部化（温作民等，2007[③]；张长江等，2010[④]；姜汝川，2010[⑤]；秦格，2011[⑥]；魏春飞等，2014[⑦]；孙红梅等，2014[⑧]；陈若华，2016[⑨]）。这些角度的研究都为我国生态会计的发展提供了一定的参考和借鉴。

2. 关于生态会计应用研究

欧盟在生态保护方面的研究一直全球领先，研究范围较广，出现了较多代表性研究成果，例如生态税的提出。Jeffrey Unerman 等（2001）[⑩]认为生态税改革可促进就业。Anselm Schneider（2014）[⑪]认为应该创新税收制度，将生态税引入税制体系当中。另外，欧盟成员国对燃料及危

---

① 阙啸啸. 谈企业生态会计和我国的现实选择[J]. 黑龙江教育学院学报，2014，33（2）：196-198.

② 刘召丽，苏方玉. 浅谈我国生态会计的构建[J]. 时代金融，2015（15）：194，199.

③ 温作民，曾华锋，乔玉洋，等. 森林生态会计核算研究[J]. 林业经济，2007（1）：26-27.

④ 张长江，许敏，张文静. 刍论生态效益会计核算[J]. 财会月刊，2010（3）：11-12.

⑤ 姜汝川. 森林生态会计假设浅析[J]. 商业文化月刊，2010（1）：84-85.

⑥ 秦格. 生态环境补偿会计核算理论与框架构建[J]. 中国矿业大学学报（社会科学版），2011，13（3）：80-84.

⑦ 魏春飞，秦嘉龙. 生态价值会计核算框架构建[J]. 会计之友，2014（33）：25-29.

⑧ 孙红梅，王芳蕾，郭梦茵. 我国矿业公司环境会计信息披露影响因素研究[C]//中国会计学会会计基础理论专业委员会 2014 年学术研讨会论文集，2014.

⑨ 陈若华. 企业收益会计论[D]. 长沙：湖南大学，2013.

⑩ JEFFREY UNERMAN, JAN BEBBINGTON. Sustainability accounting and accountability[J]. The British Accounting Review, 2008（40）：12-15.

⑪ ANSELM SCHNEIDER. Reflexivity in sustainability accounting and management: transcending the economic focus of corporate sustainability[J]. Springer，2014（23）：3-5.

害环境等行为征税，有利于减少有害气体的排放，保护环境，推动了欧盟各国家的环保技术创新。

澳大利亚等其他国家则利用不同的计量方法，以生态效益为出发点进行讨论，并进行相关计量。J.Ferguson 等（2004）[①]以某电厂为例，采用投入产出矩阵法对煤灰利用情况进行估算，计量其生态效益情况。Maria Molinos-Senante，Ramon Sala-Garrido（2010）[②]采用影子价格将污染物从污水中分离过程产生的生态效益进行货币化。Wen-Tien Tsai（2011）[③]建立了投入产出模型，估算台湾 2009 年工业废弃的润滑油用作燃料进行发电产生环境效益的情况。

另外，一些学者开始对生态足迹产生兴趣，20 世纪 90 年代 Charles H Cho（2013）[④]首次点明了生态足迹的内涵，B.Ewing，S.Goldfinger（2010）[⑤]认为生态足迹是衡量人类对生态系统施加影响的比率。M A dewunmi idowu（2013）[⑥]指出生态足迹其实难以计算，应建立一个资源耗费和废弃物产生的假设模型，以此进行量化。以上这些研究某种意义上推动了生态会计的进一步发展。

而我国目前对于生态实践的研究仍然借鉴国外的研究成果，对生态会计没有形成成熟的理论框架，仅仅是利用生态效率这个评价指标建立

① G Y ZHANG, Z DOU, J. Ferguson, et al. Use of flyash as environmental and agronomic amendments[J]. Environmental Geochemistry and Healths 2004，26（2）：129-134.

② M MOLINOS-SENANTE, F HERAANDEZ-SANCHO, R SALA-GARRIDO. Feasibility studies for water reuse projects;economic valuation of environmental beneflts[J]. NaoSecurity Through Science, 2010（106）：181-190.

③ W T TSAI. An analysis of used lubricant recycling, energy utilization and its environmental benefit in Taiwan[J]. Fuel&Energy Abstracts, 2011，36（7）：4333-4339.

④ CHARLES H CHO, DENNIS-M PATTEN. Green accounting: reflections from a CSR and environmental disclosure perspective[J]. Critical Perspectives on Accounting，2013（24）：12-15.

⑤ B EWING, S GOLDFLNGER. Ecological footprint atlas[J]. Global Footprint Network，2010（10）：19-23.

⑥ M A DEWUNMI IDOWU. Improved modeling of dynamic systems[J]. Free Patents Online，2013（6）：15-21.

评价体系进行研究。例如，张炳等（2007）[①]对杭州湾精细化工园区的生态效率进行评价，将污染物排放这一指标引入评价体系；孙源远（2009）[②]建立石化企业生态效率评价模型，分析大连地区石化行业的生态效率问题。张长江、赵成国（2014）[③]指出生态效率指标是一个相对指标，不能反映效益总量的信息，没有包括社会影响的缺陷。

在立法方面，2016年12月26日，我国颁布了《环境保护税法》，规定从2018年1月1日开始征收环保税，这是我国第一部体现“绿色税制”的法律，也是目前国家唯一的单行税法。《环境保护税法》的颁布，体现了我国对于生态环境的重视，标志着环境会计发展到了一个新的阶段。

1.3.4 文献评述

1. 关于生态补偿方面的研究文献

通过对国内专家学者在生态补偿相关领域的研究成果进行系统梳理分析，我们发现，截至目前，学者们在生态补偿概念、生态补偿标准的确定与测量、生态补偿模式、生态补偿机制的建立以及绿色发展与生态补偿的相互关系等方面均有了较为丰富的研究成果，部分地区从本地实际发展情况出发制定的生态补偿政策取得了较好的效果，有效扭转了生态环境遭到严重破坏的局面，并有效地践行了绿色发展的长效机制。例如，湛江市依法行政研究会课题组对湛江湾生态环境、自然保护区建设、水源涵养区建设的补偿和对生态文明村镇建设的补偿问题上取得了较为丰富的研究成果，已经基本建立一套完善的生态补偿机制，为生态环境保护提供了较为系统的解决方案。有专家对南疆四地州地区的农业生态

---

① 张炳，毕军，黄和平，等. 基于DEA的企业生态效率评价：以杭州湾精细化工园区企业为例[J]. 系统工程理论与实践，2008，4（4）：159-166.

② 孙源远. 石化企业生态效率评价研究[D]. 大连：大连理工大学，2009.

③ 张长江，赵成国. 生态—经济互动视角下的企业生态经济效益会计核算理论与测度方法——文献综览与研究框架[J]. 生态经济，2014，30（4）：55-63.

补偿提出了利用多种生态补偿方式、建立生态补偿载体等具体实施路径，将该地区的农业增收和绿色发展结合起来，充分发挥该地区的自然资源优势，为践行绿色发展建立长效机制。但是，从整体来看，尚存在以下不足：一是生态补偿相关问题的研究还有待加强，在生态补偿保障机制与效益评估方面的研究还需进一步提高，部分针对生态补偿相关问题的政策法规指导实践的能力还十分有限。而且，由于环境污染问题日益严峻、全球化发展进程的不断加快，各国均需要加强生态补偿相关领域的合作以应对全球环境危机，部分发展中国家亟须从“利益优先”的发展理念向“可持续发展”理念转变，采取多种有效举措修复和改善自然环境，从而促进地区经济实现可持续健康发展，有效维护全球自然生态平衡。二是缺少从微观层面对生态环境补偿的会计确认、会计计量和信息披露的理论和实践方面研究。随着人们的环保意识逐渐增强，生态环境补偿在国家生态建设各环节中不可或缺，获得空前的关注，实践工作者和理论工作者都需要对理论和实践进行深入的探索，而会计的核算功能对生态补偿标准的有效确定起着重要的作用，目前有关生态补偿的会计核算研究文献尚不多见，急需建立一套生态补偿会计核算体系，从而促进生态补偿机制的不断发展和完善。

2. 关于环境会计方面的研究文献

20 世纪 70 年代，西方发达国家就提出了环境会计的概念，经过四十多年的研究，取得了丰富的研究成果。近年来，经济发展伴随着环境问题的产生，环境会计也由此受到各国学者以及企业的重视。随着各国学者对于环境会计研究的不断深入，涌现了大量较为成熟的研究成果。而从国内的研究成果来看，尽管我们已经取得了一些成就，但与西方国家相比还有一些差距。我国的专家学者在研究环境会计问题时主要集中在环境会计要素确认、计量以及信息披露等几个方面，在很多问题上没有形成统一意见，研究相对滞后，实际应用也极其缓慢，实务方面的研究较少，且实务研究停留在普遍意义上。研究对象多是泛指的企业，很少针对具体的企业特点和实际提出环境会计核算的方法。对环境活动的计量方式不够规范，关于环境会计信息披露的相关制度以及准则等还不够健全，以致披露信息分散，诠释过于笼统。

因此，我国学者应该借鉴国外研究成果，将其应用于我国的环境会计核算工作中，为生态补偿的环境会计核算提供可参考的标准，使企业的环境支出、收益等环境事项能够单独地确认计量，以充分披露企业环境状况、污染预防及治理情况，有利于生态补偿活动的管理，推动我国环境会计领域的发展。

3. 关于生态会计方面的研究文献

国外对于生态会计的研究，大多是从各国的实际情况出发，虽然没有达成非常一致的观点，但是可以明确生态会计是在环境会计基础上不断形成的，有着坚实的理论基础作为支撑，发展较为成熟。在生态实践方面，主要采用生态税、计算生态效益及生态足迹等方法，获得较好的效果，在生态效益计算方面，介绍了多种非货币计量方法，研究成果实践性较强，为我国会计理论发展中的非货币性计量提供了较好的参考。

我国对于生态会计的研究才刚刚开始，正处于探索阶段，大部分还只停留在概念、内涵、必要性、基本的会计框架等方面的探讨，生态会计准则体系尚停留在学术研究阶段，理论探索较多，但发展缓慢、滞后，缺乏顶层设计，尚未形成科学的、应用性强的生态会计准则体系，达不到实际工作的需要。在生态会计含义以及生态会计框架方面，我国学者的观点基本可以达成一致,为我国生态会计的发展奠定了一定的 理论基础。但是对于生态会计实践方面的研究较少，大多借鉴西方国家的方法，缺乏创新性，实践研究成果大多局限于环境会计、绿色会计等方面。

1.4 理论基础和研究方法

1.4.1 理论基础

1. 可持续发展理论

（1）可持续发展理论的起源

可持续发展理论是为了克服普遍的环境污染、生态失衡以及不断加剧的贫富分化的一种理论。

可持续发展理论最早源于 1962 年美国海洋生物学家蕾切尔.卡逊（Rachel Carson）所著的《寂静的春天》，书中描述了人类因为没有保护环境意识，可能将面临一个没有鸟、蜜蜂和蝴蝶的世界。通过这本书，人们开始逐渐关注野生动物的生存问题以及环境保护问题。而且，这本书还将环境保护问题推到了各国政府面前，各种环境保护组织纷纷成立。

1968 年，罗马俱乐部在意大利首都罗马成立，它是非正式的国际协会，由来自全世界的科学家、教育家和经济学家等数十名学者组成，他们一起关注和研究人类面临的环境保护问题。1972 年，一些专家学者联合向俱乐部提交了第一份研究报告——《增长的极限》，引起世界反响。该报告认为，由于人口不断增长而导致的粮食短缺、资源消耗和环境污染等问题，会使地球在某一时刻达到极限，进而引发经济衰退，资源枯竭。为了避免上述情况的发生，专家们认为限制增长是最好的办法。这种观点一经发布便引起了人们巨大的争议和尖锐的批评，但它所阐述的均衡发展理念，引发了可持续发展的思想萌芽。同年，在瑞典首都斯德哥尔摩，来自一百多个国家和地区的代表召开了联合国人类环境会议，共同探讨环境问题对人类的影响，并签署了《人类环境宣言》，开启了环境保护事业。

1978 年，国际环境发展委员会在文件中首次阐述了可持续发展的内涵。1987 年，布伦特也发表了一篇极具影响力的研究报告——《我们共同的未来》(Our Common Future)，继阐述概念之后，再次提出了可持续发展的思想，指出地球的资源存储量远小于人类发展的需要，人类对资源的需求过大，会导致环境危机和能源危机，所以为了当代人和后代人的利益，我们必须改变目前的这种发展模式，寻找一条新的、可使全人类共同进步的发展道路。可持续发展思想的提出是人类对环境和发展认识的重大飞跃，对各国的发展政策及思想产生了重大影响。1992 年 6 月，在巴西里约热内卢，联合国环境与发展大会（UNCED）成功举办，这是人类历史上的第一次“地球会议”。来自全世界 180 多个国家和国际组织的代表联合发布了《里约环境与发展宣言》，提出了可持续发展的 27 条基本原则，签订了《21 世纪行动议程》《气候变化框架公约》等文件。它是人类发展史上一座重要的里程碑，是人类跨向新的文明的关键性一步，标志着可持续发展从理论探索走向实际行动阶段。同年，我国政府也首次提出了可持续发展战略，并将其纳入《中国 21 世纪人口、环境与发展》白皮书中，自此，在我国一系列的经济与社会发展规划中，可持续发展战略作为一个重要的内容得到了强调。随后，我国又确立了可持续发展为社会主义现代化建设中必然实施的战略，并将其内涵拓展到了社会、经济和生态等多个方面。

（2）可持续发展理论的定义

1987 年，布伦特兰在《我们共享的未来》报告中对可持续发展的定义做出了阐释。又针对可持续发展展开了系统、完整的描述，成为最被人们认可的可持续发展的定义。在此基础上世界各国众多专家和学者对可持续发展的定义和内涵进行了进一步研究和阐述，得到了丰硕的成果。综合考察学者们的研究成果，对可持续发展定义的诠释大致可分以下几种：

第一，从自然属性的视角来定义。可持续发展的定义最早起始于生物圈，由生态学家首次提出，目的是说明自然资源利用及开发其程度之间的平衡问题。20 世纪 90 年代初，国际生态学协会、国际生物科学联合会举办研讨会，将可持续发展定义为“能够保护环境系统生产更新能力的发展”。该定义表明人类在发展过程中希望追求最优生态系统的愿望，保护人类生存环境的可持续性，也是可持续发展定义的自然属性中的一种代表。

第二，从社会属性的视角来定义。此类定义认为可持续发展的最终目的是改善和提高人类的生活水平与生活质量，在发展过程中，要平衡人类生产活动与环境承载能力之间的关系，在保护地球生物多样性的同时，提高人类的健康水平和生活质量。人类社会的发展才是可持续发展的终极落脚点，只有人类平等、自由和人权等各个方面都得到改善和发展才称得上真正的发展。1991 年，《保护地球——可持续生存战略》，把可持续发展定义为“在生态系统承载能力的范围内，能维持人类的生存又能提高人类生活水平和质量的发展”。

第三，从经济属性的视角来定义。这种定义认为经济发展也是颇为重要的，是可持续发展的核心。应使经济得到最大限度的发展，但是在经济发展的同时不能降低环境质量。这类定义尤其倡导人类从事对自然环境有利的经济活动，特别注重生态的合理性，谴责对生态环境有损害、不顾生态发展的经济活动。另外，在评估经济发展的过程中，不能仅仅以 GDP 这个单一指标衡量经济发展，应该将环境、社会、经济等多项因素指标纳入经济发展评价体系中，使部分利益和整体利益、短期利益和长期利益相结合、相协调，最终促进经济平稳和可持续发展。

第四，从科技属性的视角来定义。此类定义从科技发展的视角出发，认为科学技术的进步在可持续发展实施过程中举足轻重。如果没有科技的进步，人类社会的可持续发展也难以为继，可持续发展应通过建立和利用更加清洁、有效的工艺方法或技术系统，尽可能地减少对自然资源的消耗，并认为工业活动产生的污染是可以通过提高技术和效益来避免的。该定义从科学技术的视角出发，丰富和拓展了可持续发展的内涵。

（3）可持续发展理论的原则

第一，公平性原则。所谓公平性是指所有人平等地选择机会的权利。可持续发展的公平性原则包括代内公平和代际公平两个方面。代内公平即横向公平，是指当代人之间的公平，意味着地球上当代所有公民都可以选择享受、利用自然资源、过上美好生活的权利。代际公平性即纵向公平，即当代与后代之间的公平。也就是说除了当代人享有发展的权利之外，以后世世代代人都有同样选择的权利，当代人在发展中不能牺牲环境，损害后代人权利。

第二，持续性原则。持续性是指人类利用自然资源和维持生态系统的可持续性，是当生态系统受到干扰时还能保持生产的能力。这就要求人类在发展经济的过程中不能过度消耗自然资源，不能以损害地球的自然生态环境为代价而获得经济的发展，应该在生态环境可承载的能力范围内，合理开发、利用资源，使生态环境得以维持其生产能力，进而促进人类经济社会的可持续发展。

第三，共同性原则。可持续发展的共同性原则主要包含以下几个方面的内容：一是可持续发展是全人类共同的目标，虽然由于历史、经济和文化等原因，各国的发展水平也千差万别，但追求美好生活，实现经济繁荣和环境优美是各个国家和民族共同的愿望和目标；二是要实现可持续发展目标，必须全球公民共同协作和努力，以促进人类自身之间、人类与自然环境之间的协调，实现共同发展，因此，遵守和维护全球环境与发展的国际协定非常重要，也是人类共同的责任。

生态环境补偿就是从可持续发展的角度提出的，生态环境补偿是实现可持续发展的途径之一，应把可持续发展作为基础假设，以此来研究生态环境补偿会计，只有坚持可持续发展，实行生态环境补偿会计核算才有意义。

2. 外部性理论

外部性概念由英国剑桥学派创始人马歇尔首次提出，发表在 1890 年的《经济学原理》。随后，经济学家们在此基础上不断研究和发展，对外部性给出了不同的定义。主要有两种，一种从生产者的角度来定义外部性，一些经济学家，如萨缪尔森认为外部性是“生产或消费无法补偿其他实体的成本”，是一种带来利益的情况，不需要引入或补偿。另一种从接受者的角度来定义外部性，认为人是“制定政策的人” 如果不考虑这一特定活动的收入或成本，就会出现低效率。换句话说，即向不参与决策的人提供利润或强加成本。以上两类定义对外部性的理解上本质是一样的，即外部性是某个个体或经济组织的行为或活动对其他个体或组织产生的一种外部影响，它是很难通过市场价格进行调整的，且难以控制。

外部性包括外部经济、外部不经济。外部经济是指一些经济主体或个人的生产和消费行为使其他的经济主体或个人受益，而前者却无须向后者收取费用的现象。外部不经济是指某经济主体的生产或消费行为对其他的经济主体造成损失，且无法进行补偿的现象，这种损失也无法通过市场机制来调节，因而造成了市场失灵。为了解决这种外部性问题，许多学者和专家进行了深入研究和探索，庇古和科斯等经济学家是其中杰出的代表。庇古认为外部性产生的原因是边际私人成本与边际社会成本不一致，以及边际私人收益与边际社会收益不匹配，为了消除这种不一致，政府可以通过向企业征收税收或进行补贴的方式来实现外部成本的内部化；而科斯则认为可以通过市场交易和资源协商来解决外部性问题，从而使资源达到最优配置。庇古和科斯的理论在经济活动中得到了广泛的应用，如环保领域实施的“谁污染，谁治理”措施、排污收费制度以及排污权交易制度。

人类对自然资源过度索取，给环境带来了一系列问题，特别是作为经济活动主体的企业或个人在追求利润最大化的同时给环境造成了破坏，从而产生了外部不经济效应；而一些组织或个人为了保护生态环境不得不放弃发展机会，且得不到补偿，因而产生了外部正效应。实施生态补偿机制是解决外部性内部化的重要手段。对保护生态环境者所付出的相关成本和为此放弃的发展机会进行补偿，对破坏生态环境者的外部不经济行为进行收费。将生态环境补偿会计与生态补偿机制结合起来，为生态补偿标准提供依据，以保护和改善生态环境。

3. 产权理论

产权指的是财产使用权，即运行和操作财产的权利。产权最早起始于诺贝尔经济学奖获得者科斯对企业制度的分析，1937年，科斯在其著名的论文《企业的性质》中指出，市场经济在运行中会出现一些摩擦，这是由产权构造上的缺陷问题造成的，要克服这种摩擦就要明确企业的产权。1960年，科斯在《社会成本问题》中阐述了产权的经济作用，表示产权能够克服外在性，对降低社会成本起着不可或缺的作用。科斯的这些思想后来被斯蒂格勒概括为科斯定理，科斯也因而被视为现代产权理论的开创者和奠基人。

在现实的经济活动中，市场机制存在自有的缺陷，不能有效地解决市场经济存在的外部性问题。上文中提到外部性是由产权理论的私人成本和社会成本不一致而导致的，进而引起社会福利损失或低效，此时产权的界定就显得十分重要，可以消除市场经济中的外部性现象。科斯认为，在允许自由交易的情况下，不管对产权如何进行初始安排，如果交易费为零或者很小，资源的配置通过市场交易的结果是最有效率的，并达到帕累托最优。如果交易费用不为零，即存在交易费用，则对初始产权的不同界定和分配，会使资源配置产生不一样的效益。

科斯的产权理论为解决经济活动的外部性问题提供了一个制度框架，因此，要想使市场失灵而导致的外部性得到有效的解决，就要明确地界定和规范产权。

长期以来，为了使经济得到更好的发展，我国的企业和经济组织主体对自然资源过度开采，忽视了生态环境的发展，对生态环境造成了严重的浪费和破坏，其中一个重要的原因是生态环境资源的产权没有明确界定或者存在多重产权。生态环境产权是对大气、水、森林等资源的使用、占有、处置以及收益等各种权利，生态环境产权具有公共物品性质，是属于全体公民或者公共组织的，因而产权客体具有不确定性，产权边界也不明确。因此，要想解决生态问题，需要建立一个诸如水资源、碳排放等生态资源的交易市场，对其产权进行明确的界定，以解决生态补偿问题。

4. 环境会计学

环境会计学是一门将会计学、生态环境学、经济学和管理学等学科相结合而形成的综合管理理论。为了经济社会的可持续发展，不对生态环境造成损害，经济组织（或主体）应该运用环境会计的基本理论和方法对相关经济活动进行高效的管理。

环境会计是生态经济发展的重要组成部分，它将环境和自然资源纳入核算范围，正确评估企业的经济、社会和环境效益。生态（环境）补偿会计是环境会计的一个细分，它从生态环境补偿的视角来核算自然生态（环境）资源，丰富和发展了环境会计学的内容。两者的核算目的都是为保护生态环境，达到经济社会、自然生态环境协调、同步和可持续发展。

生态（环境）补偿遵循“谁开发谁保护，谁破坏谁恢复，谁受益谁补偿，谁污染谁付费”的原则，为了保护生态环境，可持续利用生态系统，各级政府制定了多种促进生态补偿活动、提高生态效益的规则和制度。但生态补偿标准不一，且补偿标准过低，远远不能弥补给生态环境造成的损失，以及低于当地居民为保护生态环境而放弃的发展利益。在这样的情况下，如何正确核算生态环境资源的价值，完善生态补偿机制，加强生态补偿绩效评价，成为一个急需解决的课题，而生态（环境）补偿会计核算作为生态补偿机制的一个重要基础部分，已经成为实务界、理论界研究的热点。

1.4.2 研究方法

本研究主要采用规范研究法、定量和定性相结合的研究方法以及系统与个案相结合的研究方法，以构成文章研究的方法体系。

1. 规范研究法

规范研究法是一种综合运用比较法、归纳法、演绎法以及历史法等的研究方法。将规范研究法与环境经济学、环境管理学的理论和方法相结合，以会计目标为初始，以环境会计成果为基础，通过将社会经济事实与生态环境发展的基本线索联系起来，把握会计本身的发展运动及其与环境会计的因果关系，从而对生态环境补偿会计的定义、框架、作用等进行客观的考察与分析，使结论更为客观与科学。

2. 定量和定性结合的研究方法

在生态环境补偿会计中，对于定量资料的分析应占主导地位。但是，由于生态环境补偿会计因素的计量具有模糊性和复杂性，一些与生态环境补偿会计相关的问题很难用数字来表达，也有一些因素可以用数据衡量，但存在成本高、精确度低等方面的不足，因此，在进行定量分析时，要强调定性分析，为定量分析提供补充解释，注意生态环境补偿会计理论研究的可操作性和实用性。本文的主要目的是对生态环境补偿会计进行理论研究，最终目的是将这一理论应用到会计实践中。

3. 系统与个案结合的研究方法

本书首先对系统的生态环境价值计量与会计核算可能存在的问题进行分析。在此基础上，使用个案研究的方法，更直观、科学地探讨相关企业的生态环境补偿会计核算。

1.5 主要研究内容和技术路线

1.5.1 主要研究内容

本研究以生态环境补偿为研究对象，在全球气候变化、生态环境治理的发展背景下，通过梳理与生态环境补偿会计相关的计量方法，对生态环境补偿进行会计确认、计量、记录、披露等会计核算研究。本书共设九个章节，主要研究内容如下。

1. 相关理论基础

生态环境补偿会计核算的研究，应注重结合经济学、生态学、会计学等交叉学科的研究。本章关于理论基础的内容有以下两个部分，第一部分阐述可持续发展理论、外部性理论、产权理论、经济学理论、生态学理论、会计学理论；第二部分介绍定量方法与定性方法相结合、实证案例与逻辑演绎结合的研究方法。

2. 生态环境补偿会计的基本概念与框架

生态环境补偿会计的概念是研究生态环境补偿的重要内容，它受社会经济环境及会计假设的影响，生态环境补偿会计假设是生态环境补偿会计活动的基本前提。生态环境补偿会计目标是生态环境会计理论体系的基础，决定了生态环境补偿会计的发展方向和方式，为了更好地实现生态环境补偿会计的目标，会计主体编制的会计报告必须达到一定的质量标准，这样才能帮助会计信息使用者做出正确的决策，显然，生态环境会计的信息质量要求符合这一标准。影响生态环境会计报告最终结果和决策有用性的是生态环境补偿会计的确认和计量，它处于生态环境会计处理程序中的核心地位，生态环境补偿会计的模式、体系和内容是生态环境补偿会计的总括。以上各要素相互影响，相互约束，共同构成了生态环境补偿会计核算的基本框架和内容。各要素层次及其受生态环境会计信息使用者要求影响的关系如图 1-1 所示。

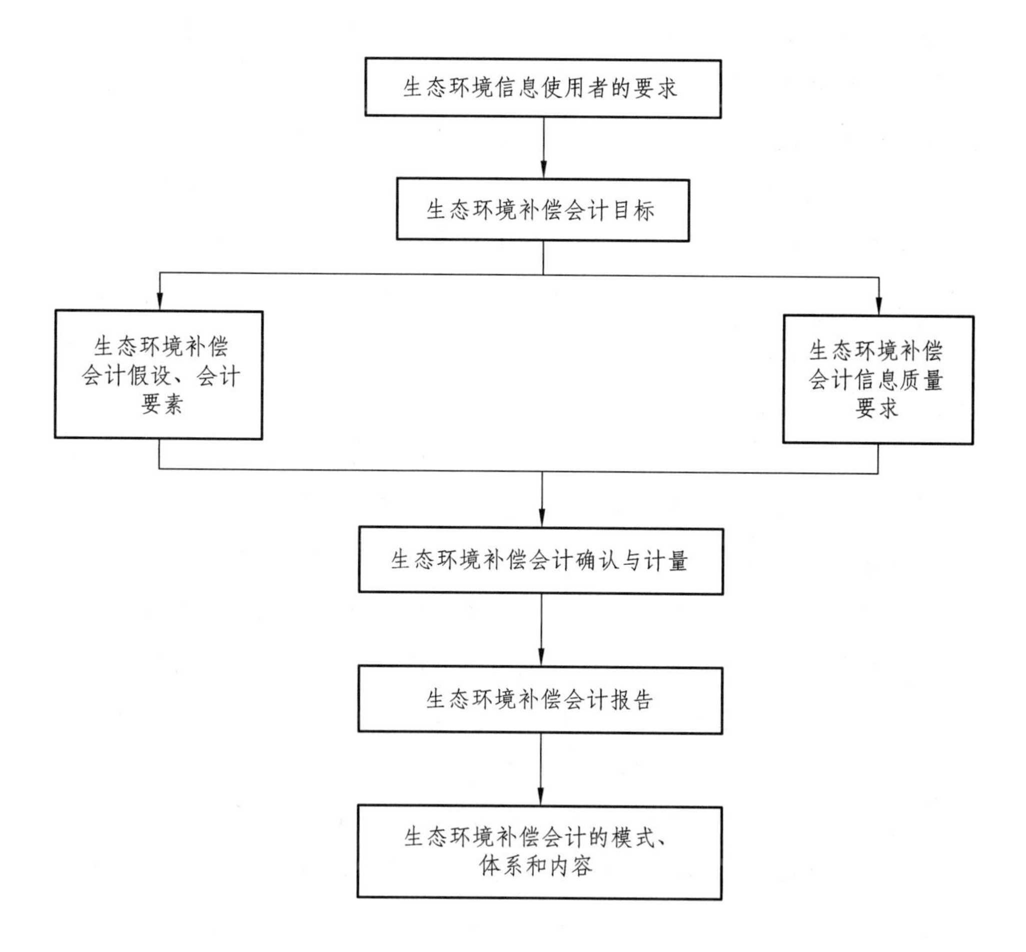

图 1-1　生态环境补偿会计框架

3. 生态环境补偿会计的确认和计量

生态环境补偿会计的确认是生态环境补偿会计核算的首要环节，是本研究的关键内容。判断一项经济交易或事项是否应该被确认为一个会计要素项目必须依据一定的标准，即可定义性、可计量性、相关性和可靠性。按照会计学对各种要素的定义，生态环境补偿会计要素可以归属于相应的会计要素，但到底是何种会计要素还有待商榷。本章节将根据各会计准则中对各类具体要素的规范与界定，对生态环境补偿会计的具体要素再分类展开分析。例如由于生态环境具有正外部性和公共物品的属性，那么，生态资产的会计主体到底是谁，这是我们需要研究的。关于如何设置环境会计账目账户的问题，首先，应设置“生态资产”账户，由于生态资产可以反映生态资产增减变化，所以余额一般在借方，表示生态资产的正向价值，可以反映企业生产情况的生态环境资产包括森林资源、矿产资源等资源和对于资源、固定资产、无形资产以及功能资产等的使用情况。

另外，生态环境补偿是以生态环境资源的存在为基础的，因此生态环境补偿的成本与生态环境资产的生产成本难以分配。所以，生态环境价值的计量属性问题是本章节要讨论的第一个问题。另外，财务会计最主要的两个属性：公允价值、历史成本属性，既有优点又有缺点。缺点就是如果采用权责发生制，应面向过去并以过去的交易事实为基础。

相反地，公允价值计量属性可以有效克服历史成本，即面对过去的缺陷。2014 年，财政部发布了《企业会计准则第 39 号——公允价值计量》,指明成本计量存在困难时,生态环境的价值可以选择公允价值计量。因此，本章将讨论公允价值计量生态环境的三种情况，具体计量方法主要有直接市场法、替代市场法和意愿调查评估法。本章要讨论的问题是如何选择合理的方法对生态环境价值量进行计量，以及生态环境补偿的会计计量方式是货币计量还是非货币计量。

对生态环境补偿相关经济事项进行核算，会影响企业的财务状况和经营成果，目前鲜有企业对生态环境补偿的价值进行合理的核算。在生态文明治理与完善生态补偿机制的背景下，对相关企业与生态环境相关的会计要素进行会计核算，并借鉴国内外生态环境核算的原则和方法，对我国企业的生态环境补偿会计要素进行核算，使其能在生态环境补偿会计报告中获得多方面的体现，以便为生态环境补偿会计报告提供相对应的生态环境信息，具有十分重要的意义。

4. 生态环境补偿会计信息披露

生态环境补偿会计信息作为一种管理信息，能够为相关信息使用者评判企业真实的财务状况并依次进行正确有效的决策提供重要的依据。需要注意的是，在全球环境管理和环境保护的背景下，生态环境会计信息并没有发挥财务会计信息的作用，而是发挥着重要的社会和公益等作用。目前很少有企业在会计报表中披露生态环境价值出来。对企业由于生态环境产生的收益和损失进行会计核算，确定环境信息披露的标准和形式，有利于企业在披露过程中对时间、范围、形式等多个方面进行综合考虑。本章主要从企业的生态环境披露方式、生态环境补偿会计信息披露原则和生态环境补偿会计信息披露的内容等方面进行研究。

5. 生态管理会计

生态管理会计需要在继承、发展、融合管理会计与生态环境管理基本理论的基础上，以现代管理会计理论为指导，形成自身的理论结构。生态管理会计的理论结构应与管理会计相一致,由生态管理会计的目标、假设、对象、职能、原则等构成概念体系。本章在借鉴国内外环境管理会计发展的基础上，对生态管理会计的目标、假设、职能及原则进行了详细的阐述，并对生态管理会计的几种方法进行了论述，在此基础上，重点研究了生态管理会计在产品成本分析、投资决策和企业业绩评价等方面的应用。

6. 生态环境审计

生态环境审计是审计机关对政府、相关主管单位及企事业单位与生态环境补偿有关的经济和管理活动的真实性和效益性进行评价与监督，并对审计单位生态环境补偿会计信息披露的真实性和合法性进行验证，使之符合生态文明的建设要求和社会经济可持续发展。例如国家生态环境补偿资金的筹集、管理和使用是否合法、有效；用于开发、保护生态环境的各种设备是否有效运转；企业的生态环境信息披露是否符合国家制定的标准和规范；企业与生态环境有关的工作人员的业务活动是否符合相关规定等。与企业相关的各利益关系人需要生态环境补偿相关的审计来帮助他们了解和掌握企业的生态环境补偿情况，以便做出正确的投融资决策。

7. 生态环境补偿会计案例研究

在对生态环境补偿会计的基本理论、基本原理及会计核算研究的基础上，本章以 H 公司为案例，根据该公司 2018 年第 3 季度的财务数据，对其涉及生态方面的事项进行环境会计核算，从而提高公司环境会计核算体系的实用性。

8. 结论与展望

在对生态环境补偿会计进行会计确认、计量、信息披露、生态管理会计、生态环境审计及案例分析之后，得出本研究的结论，并指出研究中存在的不足，同时探讨生态环境补偿会计的未来研究方向。

1.5.2 技术路线

本研究的技术路线如图 1-2 所示。

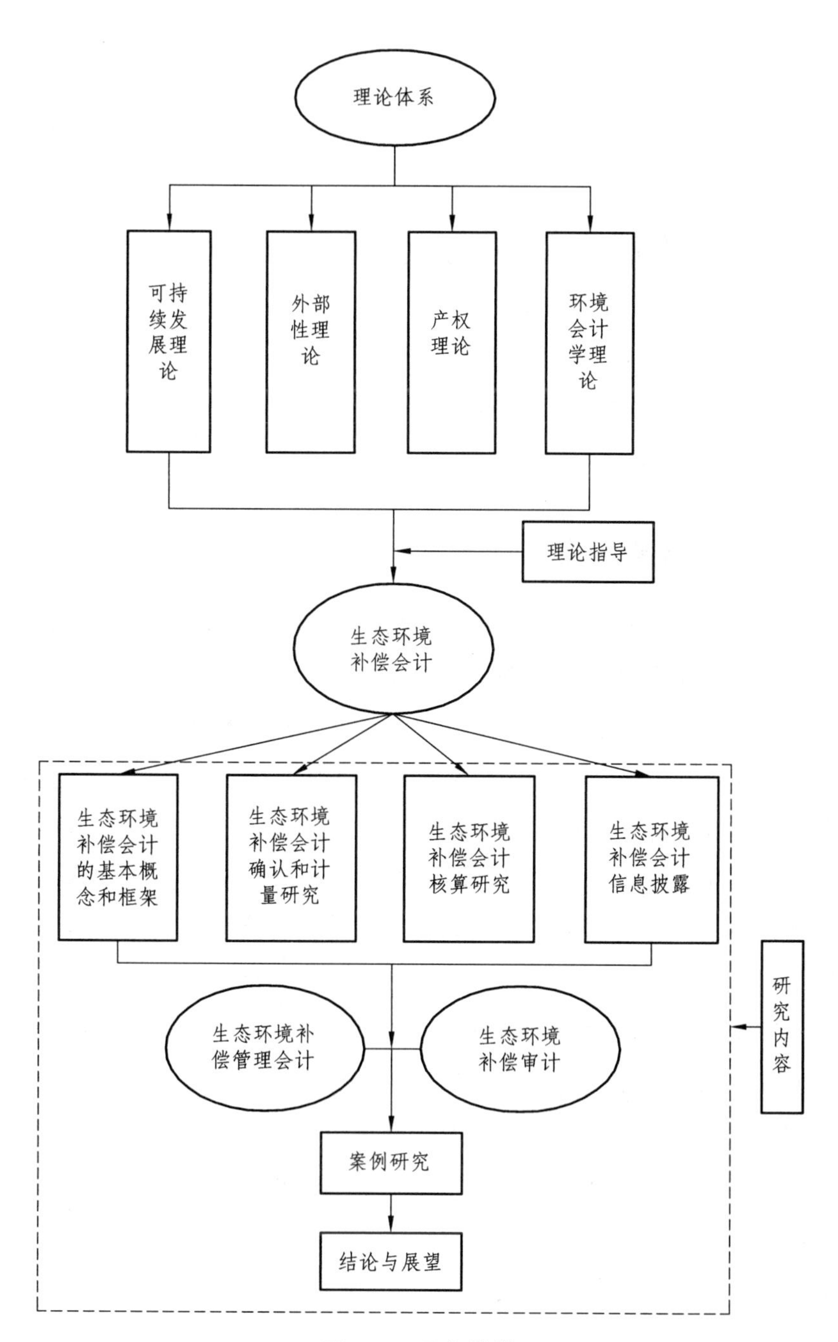

理论体系
可持续发展理论
外部性理论
产权理论
环境会计学理论
理论指导
生态环境补偿会计
生态环境补偿会计的基本概念和框架
生态环境补偿会计确认和计量研究
生态环境补偿会计核算研究
生态环境补偿会计信息披露
研究内容
生态环境补偿管理会计
生态环境补偿审计
案例研究
结论与展望

图 1-2 研究路线

第 2 章
生态环境补偿会计的基本理论和框架

2.1 生态环境补偿会计的含义

生态环境补偿会计是一个全新的研究领域，要研究生态环境补偿会计，首先要对生态环境补偿会计的含义进行界定。通过查阅和梳理相关文献，我们发现已有的生态环境补偿会计研究成果较少，主要从生态环境补偿会计基本假设、反映内容、主要特征以及生态环境补偿会计的科目、账簿账务处理设计来构建生态环境补偿会计核算理论（秦格，2011）[①]，抑或从提供生态环境补偿会计信息、生态环境补偿会计要素核算和建立统一的绩效指标评价体系等方面构建生态环境补偿会计核算框架（秦格，2011）[②]。袁广达（2014）[③]从传统会计收益和计算方法改进入手，以边际成本理论与生产要素理论为依据，以 2003—2010 年我国七大重污染行业为研究对象，利用综合评价模型对生态环境污染状况进行等级评价和标准划分，结合面板随机系数模型考察生态环境污染等级指数对六大非重污染行业利润总额的影响程度，对我国工业行业生态环境损害成本补

① 秦格. 生态环境补偿会计核算理论与框架构建[J]. 中国矿业大学学报（社会科学版），2011，13（3）： 80-84.

② 秦格. 构建生态环境补偿会计核算框架[N]. 中国会计报，2018-10-19（8）.

③ 袁广达. 我国工业行业生态环境成本补偿标准设计——基于环境损害成本的计量方法与会计处理[J]. 会计研究，2014（8）：88-95，97.

偿理论、补偿标准和会计处理进行了设计。刘晓艳等（2016）[①]基于外部性和环境政策的经济学视角，介绍了生态环境补偿会计的核算理论和框架，从生态环境补偿会计反映的内容和核算的要求入手，对生态环境补偿会计的核算原则进行了讨论，提出了价值递增性和市场化两项新的会计核算原则，对一般会计核算原则、价值递增性和市场化核算原则的差异进行了分析，并进一步阐述了生态环境补偿会计价值递增性，对市场化核算原则进行理论溯源，梳理其演进过程，探讨了生态环境补偿会计核算原则理论。周信君等（2017）[②]从环境会计的研究视角对我国生态补偿标准的成本核算体系进行了构建，为生态环境补偿标准提供了依据。

上述文献虽然都涉及了生态补偿等相关概念，却鲜有对生态环境补偿会计概念的系统界定，但已有文献对环境会计、生态会计的研究颇为丰富，对环境会计和生态会计的概念也进行了清晰的界定。例如王成利（2017）[③]认为环境会计（又称绿色会计）是将会计理论同生态环境相结合，以货币为主要的计量单位，通过一定的计算方法，对企业环境开发、污染以及环境治理所产生的资本用度或者环境改善所带来的有用收益进行确定、计算、记录和报告，并以此全面评价环境效果以及环境破坏或者改善对企业最终财务成效影响的新兴学科。相福刚（2018）[④]在原有会计概念的基础上对环境会计的概念进行了继承与创新。环境会计是采取多重计量模式，核算并监督企业拥有的自然资本与人造资本的增减变化的一种管理活动，其目的是促使企业履行环境责任，改善自然资源环境，进而提高社会总体效益。

① 刘晓艳，秦格. 生态环境补偿会计的核算原则研究——基于外部性和环境政策的经济学视角[J]. 商业会计，2016（9）：10-14.

② 周信君，邱凯，罗阳. 生态补偿标准的成本核算体系构建——基于环境会计的研究视角[J]. 吉首大学学报（社会科学版），2017，38（2）：91-96.

③ 王成利. 环境会计：要素界定、成本核算与信息披露——环境会计基本理论回顾与展望[J]. 山东社会科学，2017（7）：145-150.

④ 相福刚. 企业环境会计核算体系的构建研究[J]. 会计之友，2018（18）：43-48.

耿建新、曹光亮（2007）[①]认为生态会计主要是以物理单位反映会计主体和自然环境之间物质、能量交换情况的信息系统。它能够为会计系统提供不同层次的物质、能量信息，以使会计系统具备反映与控制企业环境影响的新功能。

十八大报告明确提出为了应对资源约束趋紧、环境污染严重、生态系统退化的严峻形势，必须把握保护自然的生态文明内涵，把生态文明建设纳入经济建设、政治建设、文化建设、社会建设“五位一体”的格局。同时提出要建立反映市场供求和资源稀缺程度、体现生态价值和代际补偿的资源有偿使用制度和生态补偿制度。其中的“生态补偿”“环境污染”以及“生态崩溃”就是明确将“资源”“环境”“生态”同时分开阐述的。资源、环境以及生态三者之间的概念辨析为生态环境补偿会计核算范围的界定奠定了基础。

基于生态学的逻辑，环境会计、生态会计与生态环境补偿会计三者相互独立、交叉发展。其中，环境会计以环境成本为核心展开计量、披露，如探究工业企业经过生产排放的废弃物对环境的影响。生态会计计量和报告企业经营活动与环境相关的问题，为系统地评估环境影响提供高质量的信息。但并非所有的问题都可由环境会计与生态会计解决，比如一座地下的煤矿被企业挖空，除涉及生态会计、环境会计外，还可能影响生态服务功能、生物群落栖息以及生态环境的补偿与恢复等，这些无法用生态会计、环境会计来解决，故生态环境补偿会计的出现存在必然性。

因此，生态环境补偿会计是政府和企业对一定时期发生的生态环境补偿活动进行确认、计量、记录和报告，以反映生态环境的变化，定期向各利益相关者提供决策有关的生态环境补偿信息，实现经济和生态环境和谐发展的学科。包括宏观生态环境补偿会计和微观生态环境补偿会计。

① 耿建新，曹光亮. 论生态会计概念[J]. 财会月刊，2007（4）：3-5.

2.2 生态环境补偿会计的目标

2.2.1 会计目标

会计目标是人们从事会计工作时希望达成的目的，它是研究会计理论的基石。20 世纪 60 年代以来，西方会计学界对会计目标进行深入研究，逐渐形成了受托责任学派和决策有用学派。前者认为，会计的目标就是企业管理者向资源提供者提供客观、真实和可靠的资源受托管理的履行情况,而后者认为给信息使用者提供信息才是会计系统的根本目标。

受托责任学派指出，财务会计所提供的信息应该如实反映企业管理层的受托经营管理责任。经营权与所有权相分离是现代企业的一大特点，投资者与经营者之间因此产生委托和受托关系。投资者（股东）作为企业资产的所有者，是企业资产经营管理的委托人，委托企业经营者（管理层）保管和运用企业的经济资源，为企业获取最大的收益。一方面，经营者（管理层）受股东（投资者）委托，应尽经营管理之责；另一方面，企业所有者需要随时了解并及时掌握经营者对资源的使用情况，对经营者实现企业经营目标的能力进行适当评价，进而适当调整投资方向或重新选择企业管理者。因此，会计核算的目标是帮助企业所有者客观地评价经营者的经营业绩。

决策有用学派指出，一方面，财务会计提供的信息应有利于信息使用者的经济决策；另一方面，它应该帮助企业利益相关者评估和预测企业过去、现在和未来的状况。企业的利益相关者可能无法直接参与企业的日常业务活动，但是需要从企业获得与决策相关的信息。因此，我们需要通过企业定期提供的会计信息，了解企业的财务状况，从而掌握企业的盈利能力、偿债能力和发展能力，对企业的财务状况做出准确判断，为投资决策、融资决策提供科学的依据。

上述两种观点并不是彼此独立的，而是相互联系、相互融合和补充的，两者都要向相关者提供会计信息，以供其判断和评价。因此，国际会计标准委员会发布的《关于编制和提供财务报表的框架》中指出：

① 财报的目的是提供有关企业会计信息，并帮助使用者做出经济决策。

② 财务报表应当能够反映企业管理层对委托给它的资源承担委托责任的结果。我国《企业会计准则——基本准则》也这样描述："财务会计报告的目标是向财务会计报告使用者提供与企业财务状况、经营成果和现金流量等有关会计信息，反映企业管理层受托责任履行情况。"这个定义反映了财务会计决策有用性和问责制的结合。自改革开放以来，我国一直鼓励和推动企业建立现代企业制度。企业管理层有责任保管和运用企业的各项资源，以实现企业期望的目标，同时企业所有者（投资人）也需要定期了解企业管理层保管和运营企业资源的情况，通过对企业管理层的业绩成果进行评价，决定是否更换管理层或调整投资政策。因此，财务报告要及时反映管理层对资源的利用效率、责任的履行情况，便于信息使用者通过财务报告所披露的信息评价该企业的经营状况与资源利用率。

为社会经济的不断发展、变化，财务会计目标必须不断更新和完善。在资本市场不成熟的情况下，信托责任的概念比"有用的决策观"更有利于保持会计行为与经济行为的一致性，更符合现实。当资本市场更加成熟时，"决策有用"的概念会更加科学，促进会计理论和会计方法更好、更快地发展和飞跃。

2.2.2 生态环境补偿会计目标探析

1. 生态环境补偿会计目标的探讨

生态环境补偿会计是环境会计的延伸和进一步发展，是环境会计的重要组成部分，因此，生态环境补偿会计的目标应与环境会计的目标相一致，即在一定的环境或条件下，希望完成的目标。此定义反映了生态环境宗旨，也为补偿实践指明了方向，决定了补偿会计方法的选择。

一般认为，生态环境补偿会计目标作为生态环境补偿会计理论中最重要、最基础的概念，对生态环境补偿会计其他问题的研究具有决定性的影响。会计目标有以下要素：一是会计内在的本质属性；二是使用者的需求。会计信息使用者的要求是决定生态环境补偿会计目标的首要因素。从我国生态环境补偿的实践来看，生态环境会计信息需求者主要有企业内部管理层、企业外部投资者、有关部门和社会公众等。从企业管理层看，在国家严厉的生态环境保护和生态环境补偿等政策下，往往需要利用企业的生态环境会计信息向企业的利益相关者表明其对生态环境保护所承担的生态环境责任，同时也需要利用生态环境方法对其经营业绩作出客观的评价。使用者需求是指会计不管是作为一种管理活动还是作为一个信息系统，都必须给企业利益相关者提供决策所需的信息，而且这种信息需求受到会计本身固有功能的制约。如果信息需求超过了会计本身固有的功能，则会计本身无法提供，因而无法将其作为生态环境补偿会计的目标。结合会计目标的两个因素可知，生态环境补偿会计的目标的决定既有主观的一面，即生态环境会计信息使用者要求生态环境补偿会计做什么，也有客观的一面，即会计的内在本质决定了生态环境补偿会计能做什么。因此生态环境补偿会计目标的决定是主观和客观的有机统一。

2. 生态环境补偿会计目标的内容

从西方学者对会计目标的研究情况来看，会计目标所包含的内容涉及三个方面：会计信息的提供者和服务对象；提供信息的内容；会计信息的基本用途。生态环境补偿会计活动既与企业的生产经营活动紧密相关，又和企业外部的生态环境有密切联系，而且企业的会计信息使用者对企业的生态环境信息的需求具有多样性，因而生态环境补偿会计的目标也不是单一的。从生态环境补偿的实践来看，会计目标应区分为基本目标和具体目标。

① 基本目标。企业在进行生产经营活动和追求自身利益最大化的同时，必须重视和保护生态环境，合理地利用和开发生态资源，坚持可持续发展。因此，生态环境补偿会计的基本目标是用会计计量、反映和控制生态环境资源，保护和改善生态环境，实现经济效益与生态环境效益的有机协调。

② 具体目标。具体目标是指向生态环境信息使用者提供有利于决策的生态环境会计信息。主要内容包括企业的生产经营活动导致的生态环境破坏等信息；企业因保护生态环境（或放弃发展机会）支付的成本费用（得到的生态补偿）信息；企业其他与生态环境相关的信息，如生态环境补偿、生态环保绩效等信息。

2.3 生态环境补偿会计假设

生态环境补偿会计的基本假设，是指基于实现生态环境补偿的会计目标，对生态环境补偿会计系统依存的因素进行概括，指明会计信息的空间范围、时间概念和计量基础等。与会计假设相同，生态环境补偿会计具体包括四个假设：会计主体假设、可持续发展假设、会计分期假设、货币计量假设。

1. 会计主体假设

会计主体是指从事经济活动的单位或组织，它规定了会计核算工作的空间范围，界定了会计报告所揭示的对象，避免了不同主体间的混淆。生态环境补偿会计把生态损耗和补偿纳入核算范围，将会计主体置于生态环境系统中，拓展了传统会计主体假设的内涵。生态环境补偿会计的会计主体假设具体包括两个方面：一是政府及相关部门是生态环境补偿会计的主体。政府掌握着主要的生态资源和自然资源。政府对生态（环境）补偿会计进行核算，不仅为政府及相关部门进行决策和生态环境的管理、控制提供了一个动态平台，而且可以准确地向信息使用者提供受托责任的履行完成情况。二是企业作为生态环境补偿会计的核算主体，承担着生态环境的风险和责任，遵守“受益者付费、破坏者付费”的原则。因此，生态环境补偿会计的主体应该是包括政府和相关企业在内的多主体。在生态补偿实践中，政府是生态服务的主要购买者，也是生态补偿资金的支付者，同时按照市场化补偿原则向生态功能受益者——企业收取相应的税费。

2. 可持续发展假设

可持续发展假设作为生态环境补偿会计核算的基础和存在的前提，是指在生态环境资源不降级的基础上，生态环境补偿会计核算主体实现经济社会和生态环境的可持续发展。主要包含两个方面的含义：一是会计核算主体在短期内不会清算、解散或破产，其生产经营活动在可预见的将来会延续下去。可持续发展假设是生态环境补偿会计确认和计量原则的前提，它代表着企业所持有的生态环境资产能够在正常的生产经营中被耗用，解决了生态环境资产的计价问题；在这一假设前提下，会计核算主体在生态环境信息的收集处理上使用的方法和程序才能一致，才能客观地做到对生态经济事项的确认、计量和报告。二是生态环境资源作为人类社会发展的物质基础，在不断地消耗和利用中必须得到有效的补偿和保护，才能使社会经济和生态环境协调、可持续发展。

3. 会计分期假设

会计分期是指在可持续发展的条件下，企业人为地将会计主体持续进行的生态补偿活动划分为相等的时间段，确定并提供会计主体的生态资产、生态负债和生态权益，以及生态收益和生态补偿收益等经营成果的财务信息，及时为信息使用者提供有利于投资和信贷等决策的信息。

4. 货币计量假设

货币计量是以货币为计量单位，记录和反映会计主体的生态补偿活动、生态运营状况及生态社会效益等。在生态补偿实践中，生态补偿活动所涉及的业务表现为一定的实物形态，如生态资产、补偿资金等，由于生态补偿活动所涉及业务的实物形态各不相同，导致不同形态所采用的计量方式也多种多样。为了更全面地反映企业生态补偿活动，汇总不同形态的项目，客观上需要一个统一的、能够测量各种实物形态的计量单位，以获取对信息使用者决策有用的信息。货币计量可以将不同种类的事实表述为加减的数字，从而系统、全面、连续地记录和反映会计主体生态补偿活动的整个过程。因此，会计信息是以货币作为计量单位的。但是由于生态资产的特殊性，有些情况下货币无法对会计主体的生态补偿活动做出完整的记录，因而可以采用非货币计量（如实物计量、技术计量等）的方式对生态环境补偿活动进行表述，以弥补货币计量存在的缺陷。

2.4 生态环境补偿会计的信息质量要求

生态环境补偿核算的基本目标有两个：一是为信息使用者决策提供有用的信息；二是反映受托人履行受托义务的情况。二者都反映了会计信息的使用和信息使用者的要求。所以，为了实现有用的决策目标，满足信息使用者对信息的需求，会计主体应该遵循什么样的质量标准来提供信息呢？根据国际会计准则和世界上许多国家的实践标准，公认的会计信息质量应包括可靠性、相关性、可理解性，可比性和实质性重于形式性、重要性、审慎性和及时性。这些会计信息质量要求具有普遍性，因此生态环境补偿会计也应遵循。

高质量的会计信息应具有可靠性、可比性、可理解性、重要性和相关性，这也是企业财务报告提供的会计信息的基本质量特征。审慎性、实质重于形式和及时性是会计信息的次要质量要求。层次关系如图 2-1 所示。

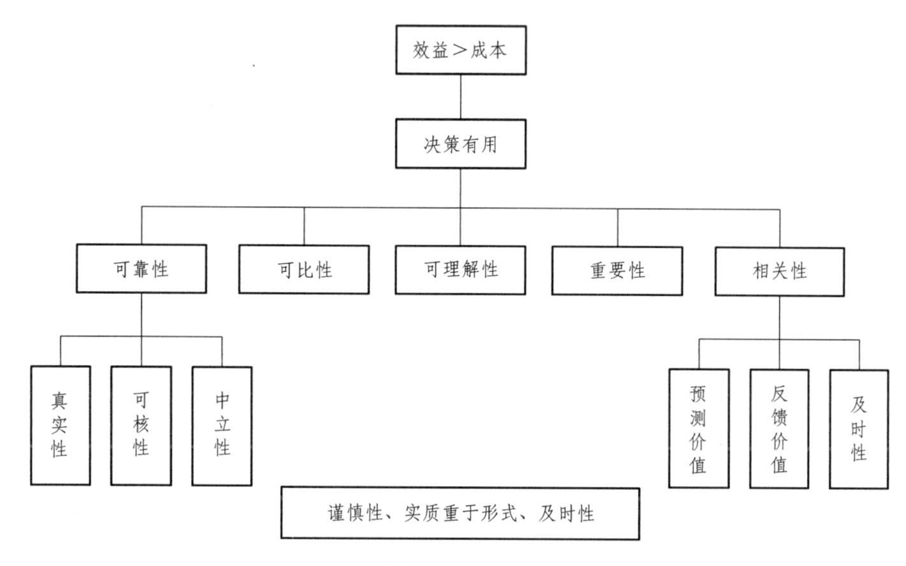

图 2-1 会计信息质量特征层级

会计能够为信息使用者提供有利于决策的信息，为了保证信息的质量，使其有利于决策，会计信息需要“决策有用性”的质量特征。“决策有用性”指只有通过一定的会计程序、方法才能提供保证质量的信息。在此过程中，必须将会计信息质量特征具体化，才能有助于生态环境补偿会计目标的实现。

1. 可靠性

可靠性是信息使用者能够相信或依靠企业所提供的生态环境补偿的信息。当企业提供的生态环境补偿信息能如实地反映企业要表达的生态补偿活动过程和结果，则被认为是可靠的，如果企业提供的生态环境补偿信息不是真实、可靠的，则对信息使用者的决策无任何帮助作用，甚至会导致错误的决策。因此，可靠性是生态环境补偿会计最基本的质量特征。判断会计信息的可靠性应从以下三个方面来分析。

① 真实性。生态环境补偿会计所计量或描述的生态环境补偿活动与实际发生或存在的经济活动相符，没有对生态环境信息加以歪曲或粉饰。

② 可核性。生态环境补偿会计信息能够经受核实验证，即不同的会

计人员对同一生态环境补偿活动采用会计处理方法时，能获得一致的结论。如果结论不一样，则说明生态补偿会计信息不能够经受核实验证，从而也失去了可靠性。

③ 中立性。生态补偿会计信息的产生不带有任何主观意向，不倾向于某一特定的信息使用者或利益集团，是公正的或不偏不倚的。

2. 可比性

可比性是生态环境补偿会计信息质量特征中一个相对次要的特征。可比性分为两种，一种是纵向可比性，即同一企业在不同时期提供的生态环境会计信息具有可比性，即企业的相同或类似经济业务应采用相同的会计政策，不可随意更改。另一种是横向可比性，即不同企业同期的生态环境会计信息应具有可比性，主要目的是方便财务报表使用者对不同企业的生态环境补偿信息进行比较和分析，评价不同企业的生态环境补偿活动状况，从而作出更加科学合理的决策。

3. 可理解性

可理解性是指财报使用者能够理解和使用生态环境补偿会计信息。如果企业提供的有关信息晦涩难懂，使财务报告的使用者无法理解，那么这种信息的价值也大打折扣。可理解性包含了两个方面的含义：第一，信息使用者应具有理解财务信息的能力或具有一定的财务会计知识。决策者能否做出正确决策很大程度上取决于决策者对财务信息的理解，而这种信息的用途与决策者自身的素质有很大关系。因此，信息使用者可以获得相关知识，以增进对金融信息的理解，做出更好的决策。第二，会计信息提供者应了解不同信息使用者的需求，按照会计准则的要求，以信息使用者最能接受的方式提供信息，以满足其需求。

4. 重要性

重要性要求企业提供的生态环境补偿信息能够反映企业生态环境补偿活动所有重要的交易或事项。强调重要性，在很大程度上是考虑提供生态环境信息的成本和信息效益的对比。如果企业的会计信息对决策有重要的影响，那么这些重要的生态信息必须单独说明，次要信息可以不加区分地列出，以符合效益大于成本的要求。

5. 相关性

相关性要求会计核算主体提供的生态环境补偿会计信息与信息使用者的决策相关,也就是说生态环境会计信息要么与决策者的预期相一致，要么改变决策者的预期，换言之，生态环境补偿会计信息可以帮助信息使用者预测过去、现在和未来事件的结果，并可以确认或改变先前的预测，使信息使用者降低经济事件的不确定性，增强决策的控制力。如果生态环境补偿会计信息质量符合相关性要求，则应满足三个条件：第一，生态环境补偿会计信息应具有预测价值,可以帮助决策者提高决策能力。第二，生态环境补偿会计信息应具有反馈价值，可以帮助决策者评估企业过去的决策，确认或改变过去的相关预期。第三，生态环境补偿核算信息要及时。生态环境补偿核算信息必须在决策者作出决策前提供，否则既不能影响决策，也不能实现生态环境信息的预测价值和反馈价值。因此，预测价值、反馈价值和及时性是生态环境补偿核算信息的必要组成部分。

2.5 生态环境补偿会计的模式、体系和内容

2.5.1 生态环境补偿会计的模式

生态环境补偿会计为利益相关者提供与生态环境有关的核算信息，其信息使用对象既包括个人、企业及经济组织等微观利益相关者，也包括政府、事业单位等进行宏观调控的利益相关者，因此，生态环境补偿会计可采用两种核算模式。一种是对微观的企业生态环境补偿会计实行一套具体核算模式，另一种是对政府的宏观调控则实行另外一套核算模式。

1. 宏观的生态环境补偿会计模式

宏观生态环境补偿会计提供的生态资源环境信息可以帮助各级政府了解和掌握本地区的生态环境资源分布情况、生态资源质量状况及生态资源增减变动等情况，以满足各级政府在进行国民经济核算及制定生态补偿机制时合理利用和配置生态环境资源的需要。因此，为了客观正确地评价国民经济发展水平，在进行国民经济核算时，要把生态、资源、环境等因素纳入核算范围，纠正以往国民经济核算反映不全面的情况，促进政府全面了解本地区的生态资源和环境状况。各级政府应根据宏观生态补偿环境会计提供的生态资源环境信息，制定科学的社会经济发展和生态补偿政策，为实现经济社会的可持续发展提供正确的价值导向。

宏观生态环境补偿会计以各级政府为核算主体，采用以货币计量为主、以实物和其他计量形式为辅的计量方法，在满足政府宏观管理需求和生态补偿会计信息质量的情况下，对生态环境补偿会计所反映的具体内容如生态资产、生态负债等进行核算，最后通过生态资源资产负债表、损益表等会计报表的形式进行生态环境信息披露，为各级政府制定各种经济发展政策、实施有效的生态补偿机制及实行宏观经济调控提供可靠的依据。

宏观生态环境补偿会计在国民经济核算中提供的生态环境资源信息是十分必要的,但本研究将微观的生态环境补偿会计作为主要研究对象,对宏观的生态环境补偿会计的模式暂时不展开讨论。

2. 微观的生态环境补偿会计模式

生态环境补偿会计是环境会计的一个分支，其核算模式在本质上与环境会计是一致的，而环境会计又源于传统的会计，因此，生态环境补偿会计的核算模式在思维方式和本质逻辑上与传统会计也十分相似。两者在核算的立足点上有所不同，前者立足于生态资源环境，而后者立足于经济利益。

在会计核算方法上,生态环境补偿会计可以采用传统的复式记账法。具体应用有以下三种情况。一是生态资源的损耗与生态资源补偿相等。在这种状况下，企业对生态环境资源的利用处于最理想的状态，即生态环境资源损益平衡，如表 2-1 所示。二是生态环境资源的损耗大于生态资源补偿时，生态环境资源损耗与生态资源补偿之间的差额就形成了生态负债，如表 2-2 所示。三是当生态环境资源的损耗小于生态资源补偿时，此时生态资源补偿与生态环境资源损耗之间的差额就形成了企业的生态资产，如表 2-3 所示。上述由于生态资源补偿与生态环境资源损耗之间的差额而形成的生态资产或生态负债将计入企业的生态环境资源资产负债表中，用以反映企业在生产经营活动中对生态环境资源的影响。

表 2-1 生态环境资源损益平衡

<table>
<tr><td colspan="2">损耗＝补偿</td></tr>
<tr><td>资源损耗</td><td>资源补偿</td></tr>
</table>

表 2-2 生态负债

<table>
<tr><td colspan="2">损耗＞补偿</td></tr>
<tr><td rowspan="2">资源损耗</td><td>资源补偿</td></tr>
<tr><td>生态负债</td></tr>
</table>

表 2-3 生态资产

<table>
<tr><td colspan="2">损耗＜补偿</td></tr>
<tr><td>资源损耗</td><td rowspan="2">资源补偿</td></tr>
<tr><td>生态资产</td></tr>
</table>

企业通过生态环境资源资产负债表定期向利益相关者披露有关企业使用生态环境资源的会计信息，不仅可以使企业的相关各方了解和关注

企业对生态资源的利用状况,而且有助于相关各方做出正确的投资决策。

2.5.2 生态环境补偿会计的体系

生态环境补偿会计是以环境资源价值理论、循环经济理论以及生态经济学、环境经济学等学科理论为基础建立的，其目的主要是向利益相关者提供有关企业生态环境补偿的会计信息，用以满足政府有关管理部门和社会公众对生态环境补偿的信息需求，反映生态环境资源的变化，指导生态环境补偿工作的实践。根据生态环境补偿会计的目的和功能，生态环境补偿会计可以分为宏观生态环境补偿会计和微观生态环境补偿会计，其基本体系如图 2-2 所示。

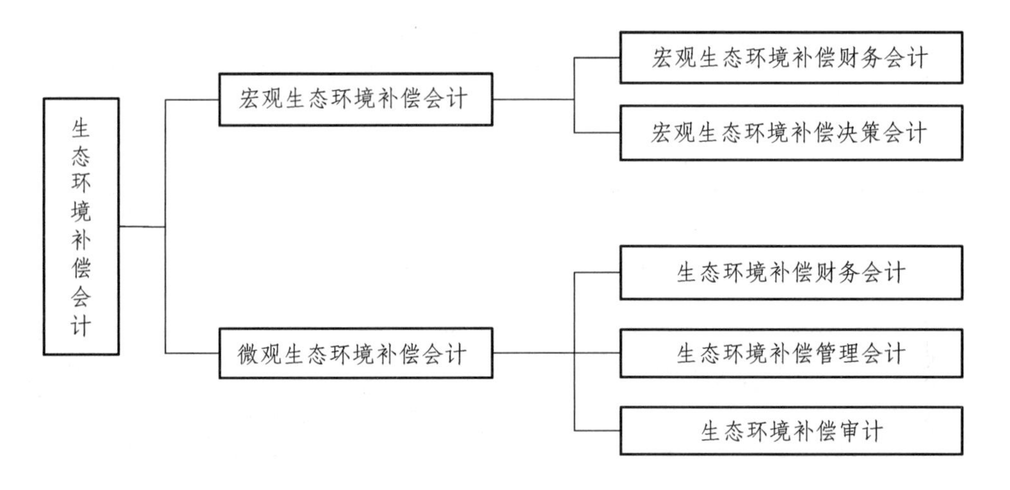

图 2-2 生态（环境）补偿会计体系

1. 宏观生态环境补偿会计

宏观生态（环境）补偿会计是各级政府为了维持生态系统的平衡，促进自然生态环境和经济社会的可持续发展,对政府生态补偿资金的投入和生态系统服务功能价值进行专门核算,以反映生态资产等会计要素的增减变动状况和生态补偿资金的筹集和运用。宏观生态（环境）补偿会计的核算主体是各级政府及其有关管理部门，政府对生态（环境）补偿会计进行核算，不仅为政府及相关部门进行决策和对生态环境管理、控制提供一个动态平台，还可以向相关信息使用者提供政府受托责任的情况。

随着政府对生态环境问题的重视和对生态环境治理的加强，以及公众生态环境意识的增强，传统会计已无法准确地反映经济所包含的生态环境信息，而且政府对生态补偿投入力度不断加大，生态系统服务功能价值的增减变动也显得越来越重要，因此，将生态环境纳入会计核算，不仅对生态补偿机制的制定和实施具有重要的参考价值，而且对政府的宏观经济和管理政策也同样具有重要的意义，因而有必要建立宏观生态（环境）补偿会计。

宏观生态环境补偿会计具体包括两个方面：

① 宏观生态环境补偿财务会计。对生态环境补偿会计要素，如生态资产、负债、补偿资金、效益等进行核算，以反映国家（政府）及其他相关部门利用生态环境资源带来的经济影响。

② 宏观生态环境补偿决策会计。为信息使用者准确提供国家生态环境资源受托责任的履行情况，为政府及相关部门做出生态环境补偿决策提供有效的信息支持。

2. 微观生态环境补偿会计

微观生态环境补偿会计是一个组织为反映生态环境补偿活动及其影响所实施的会计，从主体上，可以分为企业生态环境补偿会计和非营利组织生态环境补偿会计；从内容上，可以分为生态环境补偿财务会计、生态环境补偿管理会计和生态环境补偿审计。

① 生态环境补偿财务会计。生态环境补偿财务会计是政府和企业对一定时期发生的生态环境补偿活动进行确认、计量、记录和报告，以反映生态环境的变化，定期向各利益相关者提供决策有关的生态环境补偿信息，实现经济和生态环境和谐发展的会计模式。生态环境补偿财务会

计不仅为政府进行相关决策和管理生态环境提供了可靠的信息数据，而且向社会公众揭示了企业履行社会责任的真实状况。生态环境补偿财务会计采用货币和非货币的计量方式核算生态资产、生态负债、生态效益和生态补偿利润，可以分为宏观生态环境补偿财务会计和微观生态环境补偿财务会计，核算的内容主要有：如何确认和计量生态资产、负债？如何核算生态收入、成本及生态补偿利润？

② 生态环境补偿管理会计。生态环境补偿管理会计向企业内部管理者提供有关企业生态环境成本和生态效益补偿成本等方面的信息，使管理者做出有利于实现企业目标的决策，以达到对生态环境和经济绩效进行有效管理和控制，同时实现评价生态资源效率和改善提高生态环境质量的目的。如通过对流域生态系统、森林生态系统及矿区的生态系统所造成的生态损失进行补偿，可以维持生态系统自身的良性运转，实现生态环境管理目标。核算的主要内容包括：什么是生态环境成本？什么是生态效益补偿成本？如何核算生态效益补偿成本？什么是管理人员的生态环境责任？如何降低企业活动对生态环境的影响？

③ 生态环境补偿审计。生态环境补偿审计是审计机关对政府、相关主管单位以及企事业单位与生态环境补偿有关的经济管理活动的真实性进行评价、监督，包括验证被审计单位的生态环境补偿会计信息披露的真实性和合法性,使之符合生态文明建设和社会经济可持续发展的要求。例如，国家生态环境补偿资金的筹集、管理和使用是否合法、有效；用于开发、保护生态环境的各种设备是否有效运转；企业的生态环境信息披露是否符合国家制定的标准和规范；企业从事与生态环境有关的业务活动是否符合相关规定等，与企业相关的各利益关系人需要生态环境补偿相关的审计来帮助他们了解和掌握企业生态环境补偿情况，以便做出正确的投融资决策。

生态环境补偿会计是环境会计的重要组成部分，是国家实施生态环境管理和实践生态补偿机制的重要工具，生态环境补偿财务会计、生态环境补偿管理会计和生态环境补偿审计共同组成了一个比较完整的生态环境补偿会计体系，并随着生态环境问题的日益凸显和保护生态环境的需要而逐渐完善和发展壮大。在实践工作中，生态环境补偿会计的核算和生态环境管理是一体的，在生态环境补偿会计核算的基础上应加强生态环境管理，把生态环境管理贯穿于整个生态环境补偿核算过程中。微观生态环境补偿会计从保护生态环境资源和承担社会责任的视角，强调企业在进行经济活动时应合理利用和开发生态环境资源，使企业在追求自身利益最大化的同时，实现经济效益和生态环境效益协调发展。而宏观生态环境活动是由许许多多的微观生态环境活动组成的，因而微观生态环境补偿会计是宏观生态环境补偿会计的基础，为宏观生态补偿会计的核算和形成提供了必要的信息资料。

政府及相关部门通过宏观生态环境补偿会计核算可以了解和掌握一个地区的生态环境资源的利用和开发状况以及生态补偿资金的使用状况，通过宏观经济调控和生态环境管理，制定相关生态环境补偿法律、法规和政策，推动生态补偿机制的不断完善和对生态环境的有效保护。反过来，生态环境补偿会计核算又会影响到企业的生态环境活动，使企业在经济活动过程中，必须遵循有关的生态环境规章制度，并积极地建立生态环境管理体系，以接受有关部门的监督和考核。生态环境补偿审计在整个生态环境补偿会计体系中起着监督、审核和鉴定作用。通过向生态环境补偿会计体系其他部分提供相关信息，一方面可以保证微观生态环境补偿会计信息的真实、合法和完整性，另一方面可以评价政府的生态环境政策和生态补偿机制以及企业的生态环境保护质量。无论政府还是企业的生态环境决策,都离不开生态环境补偿会计提供的有效信息。因此，生态环境补偿会计体系各组成部分相辅相成，缺一不可，共同支撑起生态环境补偿会计体系。

本书针对企业生态环境补偿会计展开研究，不涉及宏观生态环境补偿会计和非营利组织生态环境补偿会计。

2.5.3 生态环境补偿会计的内容

生态环境补偿会计是环境会计的重要组成部分，是环境会计的延伸和进一步发展，是生态补偿机制实践中急需核算的一部分。苗会永（2018）[①]认为，"生态环境补偿核算是生态核算信息系统的重要组成部分，从社会效益的角度，采用合理的确认和计量方法，正确计算生态补偿值，真实反映社会成本的分配方向和范围。"秦格（2011）[②]认为，"控制和计量社会补偿成本发生的现代专门会计制度，反映了社会成本的范围和限额以及社会成本的分配情况。"随着国家生态文明的建设和生态补偿机制的逐步完善，公众对生态环境的保护和治理提出了更高的要求，而生态环境补偿的会计核算却远不能满足当前的需要，因此尽快建立和完善生态环境补偿会计核算体系和内容成了当务之急。

生态环境补偿会计的核算内容包括对耗用生态资源的核算和对生态环境资源补偿的计量。具体可分为以下四类：

① 生态系统和自然资源受到企业生产经营活动的影响所造成的损失。如企业对矿产资源开采、森林和植被的过度采伐、向大自然排放废水、废气等造成的经济损失和为了保护或恢复原有的生态系统所花的成本进行核算。

② 企业因保护生态环境而发生的费用支出或者放弃发展机会所造成的损失。如企业建立污水处理系统、购买排污设备、循环利用废料等发生的经济支出，要按照企业实际的支出进行核算，企业放弃发展机会而造成的损失应按机会成本或其他能具体反映的损失金额进行核算。

③ 企业为提高环保意识和环保水平进行的科研、教育费用的支出。

④ 企业其他与保护生态环境有关的支出和收入。

---

① 苗会永. 生态补偿的会计核算探析[J]. 梧州学院学报，2018，28（1）：34-38.

② 秦格. 生态环境补偿会计核算理论与框架构建[J]. 中国矿业大学学报（社会科学版），2011，13（3）：80-84.

2.6 生态环境补偿会计要素

2.6.1 生态环境补偿会计资产

1. 资产的一般概念

资产是人类对资源和权利的一种拥有形式。私有制的诞生标志着人类对资产认识的开始。资产的含义和内涵在不同的会计领域是不同的。而且，由于社会经济的发展和经济活动的复杂性，资产的内容也是丰富多样的。许多学者基于企业会计、社会经济统计、国民经济核算和企业管理的实践，从会计、经济学、评估、统计和管理等不同学科阐述了资产的概念和内涵。

企业会计核算是最早对资产的概念进行定义的领域。20 世纪初，学者们根据企业经营中遇到的会计问题，从成本、权利、未来收益等方面对资产的概念进行了定义[①②]。1985 年，美国财务会计准则委员会认为资产是特定主体由于过去交易的事项，并由过去事项所控制的，且能在未来产生经济利益，该定义非常具有代表性，因此得到了会计理论界和各国的广泛认可[③]。基于此，国际会计准则委员会对资产给出了最广泛、最普遍的定义："资产是企业由于过去事项所获得的可以控制的资源，且该资源能够使得未来的经济利益流入企业。"[④]随后，我国结合实际情况，依据国际会计准则，在《企业会计准则》中将资产定义为"由过去的交易、事项形成并由企业拥有或控制的资源，预期带来经济利益"[⑤]与国际会计准则中对资产的定义保持一致，且明确了资产的来源与范围，使得会计信息的质量得到提高。但由于会计计量的局限性，当前我国会计

---

① 成小云，任咏川. IASB/FASB 概念框架联合项目中的资产概念研究述评[J]. 会计研究，2010（5）：25-29.

② 葛家澍. 关于财务会计几个基本概念的思考——兼论商誉与衍生金融工具确认与计量[J]. 财会通讯，2000（1）：3-12.

③ FASB. SFAC No. 6: Elements of financial statements[R]. December, 1985.

④ IASC. Framework for the preparationand presentation of financial statements[R]. July, 1989.

⑤ 财政部. 企业会计准则[M]. 北京：经济科学出版社，2006.

核算仅纳入了资源范围[①]，而资产的主要特征还应包括“拥有或控制”及“收益性”。

同时，经济学也对资产的概念进行了补充，强调资产是可以给个人或企业带来收益的有形财产和无形权利的结合[②③]。经济学中的资产包括实物和金融资产。实物资产又分为土地、设备、厂房，金融资产包括存款，债券、股票等债权。在经济学中，资产具有三个基本特征：“效用”“稀缺性”和“未来盈利能力”[④]。在资产评估学中，资产的定义是学科存在和发展的基础。由于资产评估有其独特的评估假设和基本原理，其资产识别不同于会计和经济学[⑤]。国际评估标准认为资产是投资者控制的可以预测未来经济利益的资源[⑥]，突出了资产的资源属性。在资产评估学中，资产可以是有形实物，也可以是无形权利，但资产要有稀缺性和排他性。资产由特定实体拥有和控制；资产可以带来未来的收入，但这种未来的收入是潜在收入，取决于所有者和控制主体是否能够正确使用资产。在资产评估理论中，资产具有“稀缺性”“所有权或控制权”和“盈利性”的基本特征。在统计中，资产的定义主要限于国民经济核算[⑦]。SNA2008（2008 国民账户体系）将资产定义为“价值储备”，它代表经济所有者持有或使用一个实体所产生的一次性或持续性经济利益。它是从一个会计期间结转到另一个会计期间的“价值载体”[⑧]。这个定义也反映了资产的基本特征，即所有权属于所有者，所有者可以通过持有或

---

① 陈国辉，孙志梅. 资产定义的嬗变及本质探源[J]. 会计之友（下），2007（1）：10-11.

② 王哲，赵邦宏，颜爱华. 浅论资产的定义[J]. 河北农业大学学报（农林教育版），2002（1）：42-43.

③ 唐树伶，张启福. 经济学[M]. 大连：东北财经大学出版社，2016.

④ 葛家澍. 资产概念的本质、定义与特征[J]. 经济学动态，2005（5）：8-12.

⑤ 潘铖. 无形资产的理论分析与界定[D]. 北京：对外经济贸易大学，2003.

⑥ 中国资产评估协会. 国际评估准则 2017[M]. 北京：经济科学出版社，2017.

⑦ 杜金富. 国民经济核算基本原理与应用[M]. 北京：中国金融出版社，2015.

⑧ 联合国，欧盟委员会，经济合作与发展组织等. 2008 国民账户体系[M]. 北京：中国统计出版社，2012.

使用获得经济利益。在 SNA2008（2008 国民账户体系）中，资产分为非金融资产和金融资产，另外，自然资源首次被列为非金融和非生产性资产。同时规定资产的三个要素是“所有权”“占有或使用”和“取得经济利益”。因此，统计资产的基本特征是“所有权归属”“可以持有或使用”“利润”。由于管理学在假设、研究目的、研究方法和手段上与经济学和统计学不同[①]，因此管理学中对资产的定义也略有不同，认为“资产是由过去的事件产生并通过直接或间接拥有或控制具有经济价值的经济资源而获得的”[②③]。在管理学上，资产具有“所有权或控制权”和“盈利能力”的特征，这也是会计中资产的基本特征。

综上，可以归纳出资产的一般属性。虽然在资产的定义中对“所有权”“控制权”和“所有权与所有权”有不同的表述，但“所有权”代表的是资产的所有权，“控制权”代表的是资产的产权，这其实是权属的特征。因此，“权属”是资产产权的最基本形式。“盈利性”在不同学科的资产定义中都有涉及，除了经济学对收入广泛覆盖外，会计、资产评估、统计和管理学都将收入限制在经济利益或经济利益的范围内，体现了收益用货币计量的独特属性。基于以上分析，可以将资产定义为“所有权的所有者或对资源收益的控制”，所以，其一般属性为“所有权”和“收益性”。

2. 生态资产的概念

《企业会计准则——基本准则》中指出：“资产是指由企业过去的交易或事项形成的、由企业拥有或者控制的、预期会给企业带来经济利益的资源。”当与资源相关的经济利益可能流入企业时，资源的成本或价值能够可靠计量时，可将资源确认为资产。

从宏观角度来看，生态资产包含所有生态环境资源经济属性的外在

---

① 李涛，张晓宇，张晓晓. 资产评估学科性质研究[J]. 商业会计，2015（15）：83-85.

② 吴琼，戴武堂. 管理学[M]. 武汉：武汉大学出版社，2016.

③ MIKE SMITH. 管理学原理[M]. 2 版. 刘杰，徐峰，代锐，译. 北京：清华大学出版社，2015.

体现，从微观角度来看，指的是在市场经济中，一个国家或地区拥有的能发挥价值属性带来经济利益的自然资源。①

生态资产是指能够提供生态产品和服务的自然资产，包括自然、人工生态系统和野生动植物。②

从国外学者的研究文献来看，大部分学者偏向于对自然资本进行概括，认为其作为为人类提供商品和服务的自然资源，是可再生资源（如森林资源等）和不可再生资源的总和。③④Monfreda 等（2004）⑤认为生态资本是有利用价值的物质材料以及赋予其价值量的差额。

Peng 等（2015）⑥认为自然资本是指可以为人类提供生物产品和生态系统服务的自然产品和自然资源的储存。Papachara 等（2017）⑦认为人造自然资本是地球上的所有自然系统及其产生的服务。Costanza 等（1997）⑧认为，自然资本是全球总经济价值的一部分，为人类提供直接或间接的财富，包括有形资本和无形资本。Daily 等（2000）⑨认为生态系统都是固定资产，只有通过适当的管理，生态系统才能持续为人类提供关键服务。

---

① 王新庆."绿水青山就是金山银山"的基本形态生态资产及价值形式分析[J].林业经济，2019，41（2）：22-25.

② 王敏，江波，白杨，等.上海市生态资产核算体系研究[J].环境污染与防治，2018，40（4）：484-490.

③ REPET TO R C, MAGRATH W, WELLS M, et al. Wasting assets: natural resources in the national income accounts[R]. Washington, DC: World Resources Institute, 1989.

④ DA I LY G C . Nature's Services: Societal Dependence on Natural Ecosystems[M]. Washington DC: Island Press, 1997.

⑤ MONFREDA C, WACKERNAGEL M, DEUMLING D. Establishing national natural capital accounts based on detailed ecological footprint and biological capacity assessments[J]. Land use policy, 2004, 21(3): 231-246.

⑥ PENG J, DU Y Y, MA J, et al. Sustainability evaluation of natural capital utilization based on 3D EF model: a case study in Beijing City, China[J]. Ecological indicators, 2015, 58: 254-266.

⑦ PAPACHARALAMPOU C, MCMANUS M, NEWNES L B, et al. Catchment metabolism: integrating natural capital in the asset management portfolio of the water sector[J]. Journal of cleaner production, 2017, 142: 1994-2005.

⑧ COSTANZA R, D' ARGE R, DE GROOT R, et al. The value of the world' s ecosystem services and natural capital[J]. Nature, 1997, 387(6630): 253-260.

⑨ DAILY G C, SÖDERQVIST T, ANIYAR S, et al. The value of nature and the nature of value[J]. Science, 2000, 289(5478): 395-396.

国内学者有关对生态资产概念的研究成果主要有：欧阳志云等（2016）[①]认为生态资产是指在一定的技术经济条件下和一定的时空范围内，可以给人们带来效益的生态系统；也有学者认为生态资产包括自然生态系统、人工生态系统及野生动植物等能够提供生态产品和服务的资源（王敏、江波等，2018）[②]。王新庆（2019）[③]从宏观和微观两个方面定义了生态资产，从宏观层面上看，生态资产是生态环境资源经济属性的外在表现，而从微观层面看，生态资产是一个国家或地区拥有的、能发挥价值属性、带来最大经济利益的自然资源。

高吉喜等（2007）[④]从自然资本的视角，认为生态资产是人类从自然环境获取福利的价值体现，包括自然资源和生态服务功能价值；王健民等（2001）[⑤]认为生态资产是能够以货币计量并能给人们带来各种利益的生态经济资源，是一切生态资源的价值形式；史培军等（2005）[⑥]认为生态资产是生态系统能提供给人类的一切生物资源与生态服务的功能之和；胡聃（2004）[⑦]首次将生态资产描述为“由人类或生物与环境之间的相互作用形成的适应性和进化性生态实体，为生态系统的经济目标服务，并在未来生产系统产品或服务”。

另外，还有以下几种观点值得关注：

生态资产是指在一定时间、空间内，在一定技术、经济条件下，给人

---

① 欧阳志云，郑华，谢高地，等. 生态资产、生态补偿及生态文明科技贡献核算理论与技术[J]. 生态学报，2016，36（22）：7136-7139.

② 王敏，江波，白杨，等. 上海市生态资产核算体系研究[J]. 环境污染与防治，2018，40（4）：484-490.

③ 王新庆. “绿水青山就是金山银山”的基本形态生态资产及价值形式分析[J]. 林业经济，2019，41（2）：22-25.

④ 高吉喜，范小杉. 生态资产概念、特点与研究趋向[J]. 环境科学研究，2007，20（5）：137-143.

⑤ 王健民，王如松. 中国生态资产概论[M]. 南京：江苏科学技术出版社，2001.

⑥ 史培军，张淑英，潘耀忠，等. 生态资产与区域可持续发展 [J]. 北京师范大学学报（社会科学版），2005（2）：131-137.

⑦ 胡聃. 从生产资产到生态资产：资产—资本完备性[J]. 地球科学进展，2004，19（2）： 289-295.

们带来效益的资产，包括森林、灌丛、草地、农田和湿地生态系统等。①

生态资产是指地方政府实体拥有和控制的资源或资本成本，可以通过统计或会计方法以实物或货币的形式计量，可以在未来带来效用，或通过由实体采取的相关措施产生的资源或资本成本，以减少生态影响。②

生态资产是由生物、非生物和其他环境因素组成的功能空间区域。主要由植物、动物、土壤、水等功能空间区组成。为了进行实物和价值核算，SEEA的生态资产统计通常需要满足资产定义的要求。③

综上，学者们从不同的角度对生态资产进行了定义，为研究生态资产的内涵提供了丰富的文献。尽管不同学者对生态资产的理解有所不同，但生态资产为人类以及社会经济系统所提供的服务与利益被广泛认同。

本文主要从微观层面对生态资产进行研究，即从企业的角度来定义生态资产。根据国际会计准则理事会（International Accounting Standards Board, IASB）和美国财务会计准则委员会（Financial Accounting Standards Board, FASB）的规定，资产需要满足以下三个条件：一是该资源由主体拥有或控制；二是该资源是由于过去的交易或事项引起的；三是该资源可以为控制主体带来未来经济利益的流入。基于此，本研究对生态资产的定义为：生态资产是指企业拥有或控制的资源或资本化成本，可以用实物或货币计量，可以在未来为企业带来经济利益，或企业为减少生态影响采取相关措施产生的资源或资本化成本。

3. 生态资产的特征

从自然资产的视角来看，生态资产的种类极多，但总的来说，上述研究论及的生态资产具有如下特征：

---

① 欧阳志云，郑华，谢高地，等. 生态资产、生态补偿及生态文明科技贡献核算理论与技术[J]. 生态学报，2016，36（22）：7136-7139.

② 徐莉萍，蔡雅欣. 地方政府生态资产负债表结构框架设计研究[J]. 会计之友，2015（18）：62-68.

③ 张颖. 生态资产核算和负债表编制的统计规范探究——基于SEEA的视角[J]. 中国地质大学学报（社会科学版），2018，18（2）：92-101.

① 生态资产的开发利用具有不可恢复性。不可恢复性是指生态资产被开发利用之后，再将其恢复到未开发状态，必须经过一段相当长的时间的特性。

② 生态资产的变化符合生态平衡机制。生态资源系统的自我调节功能和再生功能可以在一定限度内补偿生态资产的消耗。相反，如果对生态资产的消耗超过一定限度，就会造成生态系统的退化和失衡。因此，生态资产的增减必须遵循生态平衡的规律。

③ 生态资产稀缺。一些自然资源是不可再生的或长期可再生的。随着开发利用，其储量将减少，成为稀缺资源。因此，生态资产的利用需要采用科学的方法，最大限度地发挥稀缺生态资产的作用。

4. 生态资产的分类

本研究依照企业核算的要求，按照生态资产的记账系统，对纳入企业核算的生态资产进行如下分类：

① 生态环境保护和生态治理设备。生态环境保护和生态治理设备是指企业专门用于控制污染的专用设备，如大气污染治理、废弃物处理与资源利用、污水净化和空气净化设备等。

② 生态环境污染治理的专利和非专利技术。生态环境污染治理专利技术是指企业从其他企业或科研机构购买的或者企业自行研发并取得专利权的环境保护专利技术。生态环境污染治理非专利技术是企业自行研发的、没有取得专利权的环保技术。对于环境污染控制专利和非专利技术，采购成本或开发成本可以在一定程度上实现资本化。

③ 资源开发利用权。资源开发利用权是指企业购买或拥有的、能够为企业带来未来经济利益的勘探、采矿和土地使用权。购买、开发和使用资源的成本也应实现资本化。除了企业拥有和控制的环境资产外，还有很多资源性资产，比如国家拥有的、以自然资源为基础的环境资产。虽然企业不能直接拥有资源资产，但可以通过政府部门批准同意，间接取得其探矿权或开采权。

④ 生态环境补偿基金。生态环境补偿基金是生态环境保护企业为维护和创造生态系统的服务价值和功能而投入的各类资金的总称，主要包括各级政府投入的生态补偿资金、社会资本投入的生态补偿资金、生态环境补偿税金、与生态环境有关的费用、罚款押金等其他与生态环境补偿有关的资金。

2.6.2 生态环境补偿会计负债

1. 负债的概念

作为一个经济学术语，债务首先在企业会计中得到广泛使用，人们从不同的角度出发对债务进行定义，其中，业主权论和主体论是最具代表性的理论①。主体理论以企业为出发点，强调企业的独立性。债权人和用户的经济活动都围绕着企业展开。业主权理论从所有者的角度强调所有者的权益。主体理论和业主权理论在国内外会计理论中都有应用，但业主权理论的应用更广泛。例如，国际会计准则委员会（International Accounting Standards Committee，IASC）认为负债是由企业过去的交易或事项形成的、预期会导致经济利益流出的流动债务。企业负债的确定需满足以下要素：

① 现时义务。企业承担的负债必须是在当前条件下已经承担的负债，未来或未发生的负债不属于现时义务。

② 企业经济利益的流出。企业负债导致经济利益的流出，因而不履行义务就不会导致经济利益流出。

③ 已发生。企业的负债必须归因于过去的交易或事项，未来的交易或事件不构成负债。一般来说，企业的债务有确切的债权人和到期日，债权人与债务关系的主体是债权人和企业本身。

在经营活动中，企业不仅要对其他债权人承担经济责任，而且在生

① 赵敏莉. 关于负债理论的探析及其定义的修正[J]. 会计之友（下旬刊），2006（5）：16-17.

产活动中造成环境污染或破坏，还必须承担环境治理和修复的责任。企业产生的环境成本也被视为负债。环境责任是一种特殊的责任形式，是企业财务中环境责任的量化，考虑到环境成本的增加，导致经济利益流出是企业的当期义务。环境责任有明确的债务人（企业本身），但债权人没有具体的实体。环境权的主体一般是国家或环境保护机构。企业对环境的债务是企业与国家或某环保部门就环境损害而产生的债务关系。

随着国债危机的发生和国家宏观调控的要求，国债形势分析受到广泛关注[①]，企业债务核算的思想被引入到国民经济核算。根据 SNA，“负债”一词仅指金融负债，不存在非金融负债。与公司债务相比，金融债务的概念因会计主体不同而变化。SNA2008 将负债定义为机构单位在一定条件下有义务向另一机构单位提供的一次性或连续支付[②]。机构单位是 SNA 确定的最基本的单位，它是经济活动各方面的决策中心和法律责任承担者。不同机构之间的金融负债自然产生债权人和债务人，债权人对债务人享有相应的金融债权。

企业债务、环境债务和国家金融债务都涉及债权人和债务人，债权人和债务人的存在是债务形成的本质属性。在核算生态负债时，应区分债权人和债务人，通过划定负债边界来构建生态负债债权人与债务人的关系。本文将环境主体与经济作为债权人和债务人的虚拟主体，体现了经济与环境之间的博弈，满足了债务存在的基本要求。

2. 生态负债的概念和内容

生态负债可以从两个方面来理解。微观层面是指与生态环境成本相关的、符合责任认定标准的义务；宏观上是指一个地区或国家承担的、与生态环境有关的负债。国内少数学者指出，根据现有的标准和理论基

① DICKINSON FRANK GREENE, FRANZY EAKIN. A balance sheet of the nations economy[M]. University of illinois. 1936.

② 联合国，欧盟委员会，经济合作与发展组织等．2008 国民账户体系[M]．北京：中国统计出版社．2012.

础，生态债务的测度没有技术支持，很难有统一的定义。但是，大多数学者认为，如果用户不能恢复自然环境，生态环境债务需要修复，使用主体应对自然资源的不当使用负责。

综合国内外学者研究，生态负债主要来源于经济发展及人类生活过程中对生态环境的破坏和对资源的消耗超出了自然的恢复能力。生态资源利用的本质是满足生产生活需要。在生态资源开发利用过程中，生态资源存量的下降和生态环境的破坏，以及超出自然生态系统承载能力的自然恢复是需要弥补的。而存量的恢复是为了保证未来生态环境的可持续发展，因而必须付出现在或未来的代价。

SEEA 中心框架将自然资源分为七类：矿产和能源、土地、土壤，木材、水生、水和其他生物资源。七类资源分为保护账户和管理账户。具体内容如表 2-4 所示。

表 2-4 SEEA 账户分类

环境保护（EP）	自然资源管理（RM）
1.空气和气候保护	1.矿产与能源管理
2.废水管理	2.木材资源管理
3.废物管理	3.水生资源管理
4.土壤、地下水和地表水的保护与恢复	4.其他生物资源管理
5.噪声与震动消减	5.水资源管理
6.生物多样性与景观保护	6.资源管理的研究和开发活动
7.辐射保护	7.其他自然资源管理活动
8.环境保护的研究与开发	
9.其他环境保护活动	

2005 年 10 月，中共十六届五中全会公报首次要求政府“按照谁开发谁保护、谁受益谁补偿的原则，加快建立生态补偿机制”。从此，生态补偿开始在中国全面开展。

2010 年国务院将制定《生态补偿条例》列入立法计划。2013 年 4 月，国务院已将生态补偿的领域从原来的湿地、矿产资源开发扩大到流域和水资源、饮用水水源保护、农业、草原、森林、自然保护区、重点生态功能区、区域、海洋十大领域。

2013 年 11 月，中共十八届三中全会通过的《中共中央关于全面深化改革若干重大问题的决定》中，进一步确定要实行生态补偿制度，推动地区间建立横向生态补偿制度，建立吸引社会资本投入生态环境保护的市场化机制。

由上可见，中国极其重视生态补偿工作。结合国际资源负债账户的划分，生态责任可分为资源保护责任和环境保护责任。资源保护责任是生态资源利用过程中资源管理的责任，分为生态资源消耗和上游生态保护的成本；环境保护责任是指人类活动造成的环境保护责任，是主体对生态环境造成的破坏，比如废水排放、工业废物排放、生活垃圾排放等。生态债务的债务人是生态资源的使用者和生态环境的破坏者。

2.6.3 生态环境补偿会计权益

生态权益按形成来源可分为生态资本、生态保护基金和生态留存收益。生态资本是投资者投入的自然资源以及为保护生态系统平衡而使用的设备和技术。生态保护基金有以下形式：一是全社会、全生态基金；二是企业从税后利润中提取的用于生态问题治理的资金，盈余储备的性质和作用大致相同；三是国家拨给生态问题专项治理的资金。生态留存收益是企业在经济活动中取得和留存的生态净利润。

2.6.4 生态环境补偿会计成本

生态成本是指企业为维持区域多样性、生物多样性，促进生态系统功能演进而发生的经济利益支出。具体有以下成本：

① 生态维护成本。生态维护成本是指为了维护正常的生态环境，保

障企业正常的生产、再生产持续进行的一切费用。如生态检查、生态保养、生态行政管理、企业内部环保、生态管理等方面的费用。

② 生态建设成本。生态建设成本是指为了改善生态条件、生态状况所发生的费用。媒体上关于建设花园型工厂的报道已不鲜见。生态建设成本，往往是与增加生态收益相联系的，许多情况下，它是一项“期权”。

③ 生态事故成本。生态事故成本是指由于人为、自然的原因，导致生态环境破坏造成的损失成本。如人员的伤亡、财产损失，企事业单位的财产损失、生态事故的救灾费用、停工损失甚至精神损失等。在生态事故成本中，环境负债是不可低估的因素。

④ 生态治理成本。生态治理成本是指为了把由于人为或自然的原因导致的一定区域内的生态环境破坏或恶化恢复到正常的水平，需要耗费生态治理费用，包括可以预计的生态负债。这种为了恢复正常的生态环境所发生的费用，就是生态治理成本。

⑤ 自然资源消费成本。不可再生的自然资源，如矿产资源、天然林木，会因人类生产、生活活动而减少，这部分减失资源的价值，可计入生态资源消费成本，也是生态补偿金的重要来源。

显然，生态成本的投入不仅要注重总量分配，而且还要注重结构分配，应该增加生态建设成本和生态维护成本的比重，最大限度降低生态事故成本的比重，力求把生态治理成本转化为积极的生态建设成本与生态维护成本。

2.6.5 生态环境补偿会计收入

生态收入指企业提供生态服务或由于生态友好行为取得的收入，包括碳汇收入、生态友好产品收入以及由于生产流程生态化布局而带来的其他直接、间接收入。生态收入既可以附着在企业提供的产品或服务上，也可以以生产过程的优化而获得补贴或优惠的形式来表示，当然还有许多其他的间接表现形式，包括内部生态收入和外部生态收入。在传统的企业会计中，与生态要素相关的生产经营活动收入属于企业内部生态收入。企业外部生态系统变化所带来的外部影响收入计入外部生态收入。此外，当纳入核算的生态保护、生态游憩、水土保护等外部效益符合生态效益认定标准时，也应将其计入企业的外部生态收入。正如我们所研究的，生态收入的核心在于企业生态友好行为导致的生态外部性核算：

生态收入 = 企业内部生态收入+外部生态收入

由于收入因素对企业行为激励存在惯性，对于企业生态行为的规范而言，外部生态收入的内部化程度及其恰当计量，既是反映企业生态核心竞争力的表现，也是促进企业生态行为规范的重点和难点。

2.6.6 生态环境补偿会计利润

生态成本是指企业在一定会计期间内发生的与生态相关的经济活动的总成果。生态收入是指企业由于自身生态经济活动造成的净资产的增加，与财务会计中的利润要素内涵相似。生态利润是因生态事项产生的生态收入减去产生的各项生态成本后的余额。

即：生态利润 = 生态收入 – 生态成本

第3章
生态环境补偿会计确认研究

3.1 生态环境补偿会计的确认

3.1.1 会计确认

美国财务会计准则委员会（FASB）发布的《企业财务报表的确认与计量》中给出的会计确认的定义是“会计确认是把某个项目作为资产、负债、收入和费用等正式加以记录和列入企业财务报表的过程”。会计确认实际上是按照一定的标准识别有关企业经营活动的会计数据，并根据财务会计要素，将这些会计数据按照财务报表上的项目进行分类，最后记录在企业账簿中的过程。会计确认一般分为初次确认和再次确认。前者是指将企业经济活动传递的数据记录于凭证和账户之中，后者则是通过持续积累把账簿记录列为报表的内容。因此，会计确认是一个确定相关经济活动数据是否可以进入会计信息系统的过程。

与传统会计确认相似，生态环境补偿的经济业务可以作为生态环境资产、生态环境负债等会计要素，生态环境补偿会计的确认就是将与生态环境补偿相关的经济业务以会计要素的形式列入会计信息系统的过程。所以，在确认标准上，生态环境补偿会计与传统会计相同。

3.1.2 生态环境补偿会计的确认标准

生态环境补偿会计的确认标准主要有以下四个方面的特点：

① 定义性。企业生态环境补偿会计的定义性是指生态环境补偿会计活动有关的财务数量信息要被确定为报表内项目，就必须符合财务报表要素的定义。在实际工作中，将企业的生态环境补偿活动用生态环境补偿会计要素或能以文字等形式说明的资料体现出来，根据生态环境补偿会计要素的定义或者其他能以文字等形式说明的资料等加以确认。

② 可计量性。将生态环境补偿或与之相关的活动确认为某个项目或要素的成本或价值，能够进行可靠的计量。计量的标准可以是货币或是其他方式。

③ 相关性。在会计确认过程中，企业提供的生态环境补偿会计信息应该有利于信息使用者做出相关决策。具体地，会计确认应剔除与信息使用者决策无关的信息，突出在信息使用者决策过程中起重要作用的信息，增加与信息使用者决策相关的有用信息。

④ 可靠性。企业生态环境补偿会计在确认过程中必须如实地反映生态环境补偿活动和与活动有关的经济业务。在生态环境补偿会计确认时，应认真审核生态环境补偿活动或事项的真实性，虚假、伪造的生态环境补偿经济活动不能被确认。由于企业生态环境补偿会计要素各不相同，因而要素确认的标准也不尽相同，必须具体问题具体分析。

3.1.3 生态环境补偿会计的科目设置

对生态环境补偿会计进行核算时，可以在现行的传统会计账户体系下补充设置以下生态环境类会计科目。

1. 资产类科目的设置

资产类科目可以设置“生态资产”账户，用来核算生态资产的取得、运用等增减变化情况。为了反映生态资产的使用和开发等具体情况，可以在生态资产账户下增设“资源资产”“生态功能资产”“生态固定资产”和“生态无形资产”等明细科目。与传统会计中的资产类似，生态资产借增贷减的期末余额在借方，表示生态资产的目前的价值情况。设置生态资产账户以及相关明细科目，对企业特别是资源依赖型企业来说，在核算与生态环境相关的经济活动或事项时，能够很好地从原有的资产项目核算中区分出来，更好地反映企业生态资产的利用和开发情况，使企业的利益相关者特别是关注企业生态环境状况的利益相关者能够更好地了解和把握企业的生态环境履行状况，以便做出正确的决策。

此外，为了反映企业在对各种生态资产的使用、开采过程中的损耗等情况，有必要设置“累计资产折耗”账户。“累计资产折耗”账户属于生态资产账户的备抵账户，该账户与传统的会计中的“累计折旧”账户类似，其借贷双方反映的累计折损额与生态资产账户的性质相反，这是因为企业的生态资产使用周期较长时其价值较高。设置该账户可以很好地反映生态资产的损耗和利用状况，也可以动态地反映生态资产的账面价值。

此外，企业自己研究开发的生态无形资产应分情况讨论。因为无形资产具有特殊性，在研究阶段的相关支出不确定性强，所以在这个阶段，企业所发生的相关支出应当在研究支出发生时将其费用化，直接计入企业的当期损益；在无形资产的开发阶段，如果相关支出符合生态无形资产的定义以及费用资本化的条件，则该项支出应被资本化，计入生态无形资产的成本。

2. 负债类科目的设置

负债类科目可以设置“应付生态款”，用来核算企业因进行与生态环境有关的生产经营活动对生态环境造成损失和破坏而应支付和补偿的费用。具体可以设置“应付生态预防费”明细账户，用来核算企业因保护生态环境而发生的相关费用；设置“应付生态治理费”明细账户，用于核算企业进行治理和修复生态环境所产生的相关费用；设立“应付生态补偿费”明细账户，用于核算企业因进行与生态环境相关的经济活动或事项对生态环境造成破坏而必须给予相应的补偿而发生的支出等。例如因企业向外排污超标而导致的罚款、因企业污染空气或水源等给周边的居民身体健康造成的损害补偿等。

另外，为了与传统的应交税费相区分，需要在“应交税费”账户下增设“应交资源税”和“应交环保税”两个明细科目。企业可能会因生态环境问题被提起诉讼，可能需要承担相应的责任并支付尚未确定金额的款项，对该事项应设置“预计生态负债”账户进行核算。

3. 生态权益类科目的设置

生态权益类科目可以在传统的会计科目“实收资本”账户下增设“生态资本”明细账户，用来反映企业接受投资者的投入、国家因生态补偿而拨付给企业的各项资金等。另外，为了核算企业因生态预防、生态治理和生态补偿等产生的成本开支，应设置“生态保护基金”账户，该账户金额应是企业每年会计期间末从该年的净利润按比例提取的金额，同时在“生态保护基金”账户下设置“生态预防成本”“生态补偿成本”“生态治理成本”三个明细科目。此外，企业通过生态环境经营活动获得的与生态相关的利润，可以通过“本年利润”账户下的 “生态利润”科目进行核算。

4. 成本类科目的设置

在借鉴环境会计的基础上，生态环境补偿会计成本类科目可以设置“生态成本”账户，对企业因进行生态环境相关的经营活动而造成的生态环境污染、生态环境服务功能质量下降等必须承担的损失以及为预防、维护和治理生态环境所发生的费用进行核算。“生态成本”账户的借方登记企业因进行与生态环境相关的经营活动造成生态环境污染而发生的生态成本，账户的贷方登记企业实际转出的金额，同时，根据收益性支出和资本性支出的划分原则，应将生态成本中满足资本化条件的成本转入相应的“生态资产”“生产成本”等账户中。反之，如果该项成本不符合资本化的条件，就应该将其费用化，计入当期损益中去，期末转入到“本年利润——生态利润”账户。

为了进一步核算生态成本的具体内容，可以在“生态成本”科目下设置“生态预防成本”“生态补偿成本”和“生态治理成本”三个明细科目。其中“生态预防成本”账户核算企业在经营活动过程中为了预防生态环境污染而发生的各项支出，例如企业职工的生态环境保护培训和教育费、生态环境污染的监控计量支出等成本；“生态治理成本”账户核算企业因治理和改善生态环境而发生的支出；“生态补偿成本”核算因企业的经营活动给生态环境造成破坏和损失而必须给予受害者的补偿，例如企业对生产经营过程中造成的空气、水源地、噪音等问题给周边的居民身体健康和生活带来损害所给予的补偿等支出。此外，还可以将这三类明细科目进一步分类核算，设置“资本化支出”和“费用化支出”三级明细账，将支出中符合资本化条件的那部分资本化，并计入资本化支出，将不符合资本化条件的那部分支出费用化，计入当期损益。

另外，如果企业设置了专门的环保部门，还可以在“管理费用”账户下设置“生态管理费用”账户，以核算维持环保部门和管理员工的各种日常开支，包括营运费和职工的工资等。对于企业因销售与生态环境相关的产品或提供相应的生态劳务而发生的业务成本，则必须在“主营业务成本”和“其他业务成本”账户下设置“生态”二级科目，用以核算企业实际发生的业务成本。

5. 生态收入类科目的设置

在现行的会计账户体系下，可以在“主营业务收入”账户下设置二级科目“内部生态收入”，用来反映企业销售与生态环境相关的产品或提供相应的劳务所获得的收入，例如企业销售其生产的清洁产品、节能减排设备等。

在“其他业务收入”账户下设置“外部生态收入”和“内部生态收入”两个明细账户。前者主要核算企业从日常运营产生的外部生态效益中获得的收入，后者主要反映企业利用处理的生态环境废弃物，如销售净化废水、废渣等产品所取得的收入，以及企业建立的生态观光旅游场所带来的收入等。

在“营业外收入”账户下同样设置“外部生态收入”和“内部生态收入”明细科目，以便核算企业从政府和其他企业获得的生态补偿、由于改善和保护生态环境而获得的政府税收减免以及政府相关部门的奖励等。

3.2 生态资产的确认

生态资产是指由企业拥有或控制的、能以货币计量的，并能带来直接、间接或潜在经济利益的生态经济资源。生态资产确定应注意以下几个方面：

① 生态资产预期可为企业带来未来经济利益。未来经济利益指该生态资源具有购买力，能与其他资产进行交换；该生态资源具有变现能力，即可以出售该项资源来获得经济利益；可以让企业在使用过程中获得收益，生态资产也可以通过与其他资产结合使用的方式来为企业创造经济利益。

② 生态资产是由过去的交易或事项形成、由企业拥有或控制的。控制是指企业虽然可能并不拥有该项生态资源的所有权，但能够行使生态资源的使用权。

③ 生态资源是指人类赖以生存、繁衍和发展的各种自然资源和其他资源。由于生态资源稀缺，其数量和质量直接决定了人类未来生存和发展的空间。

将生态资源确认为生态资产，除了需要符合生态资产的定义外，还应当满足以下确认标准：

① 所有权标准。资产只有在拥有合法所有权的情况下才能被确认为企业的资产，但是所有权并不是企业资产确认的绝对标准。在应用该标准时，还应遵循“实质重于形式”的原则，即判断资产是否归企业所有应以“实质控制权”为标志，而不仅仅是通过“所有权”来判断。只要资产的报酬和风险已经转移，企业实质上即取得了该项资产的控制权，应当将该资产确认为企业的资产。由于其特殊性和复杂性，大部分生态资源的所有权一般由国家或集体所拥有，但企业可以取得其使用权，因而在一定条件下和范围内，企业可以将生态资源确认其生态资产。

② 资产价值计量的可靠性。资产项目的计量属性和货币单位的可靠性是资产项目客观计量的前提条件，如果企业通过一定的渠道，花费了一定的代价，取得了一项生态资源，那么该生态资源的价值应按企业所花费的代价进行计量。如果企业凭借某种权利或因大自然赐予获得了一项生态资源，且该生态资源的资源价值可以被合理估算，则按估算金额计量该资源价值，若资源价值不能被合理估算，则不能被确认为生态资产。

③ 能给企业未来带来效益。能给企业未来带来效益是指该生态资源所包含的经济利益未来可能会流入企业，主要体现在以下几个方面：该生态资源具有购买力或能与其他资产进行交换；该生态资源具有变现能力，即可以出售该项资源获得经济利益；该生态资源具有授意力，即可以让企业（或使用人）在使用过程中获得收益。反之，则不能被确认为生态资产。

综上所述，如果一项生态资源要被确认为生态资产，除了应符合生态资产要素的定义外，还应符合资产的相关确认标准，并且能够对其进行合理、可靠的计量或估算。

3.3 生态负债的确认

在企业的日常经营活动中，会产生一些与生态环境成本相关且符合负债确认条件的义务，企业无法估计为了履行该项义务可能花费的时间和成本，如果企业存在支付相关生态环境成本的义务，则应将该义务确认为生态负债。此外，该义务一方面包括国家相关法律对企业所规定的强制性义务，另一方面还包括了国家相关法律没有做出强制性规定但企业对该事项仍负有推定义务或有在法律义务基础上的推定义务，企业必须将其确认为企业的生态负债，承担相关的生态环境成本。

很大程度上，生态负债的确认标准在本质上与传统会计中负债的确认标准是相同的，二者都具备以下三个特点：第一，是由企业过去的生态经济活动产生的、由企业现时或未来承担的义务。确定企业现时或未来需要承担的义务并不复杂。比如企业因经济活动过程中排放粉尘、有害气体等导致周围的生态环境遭到破坏，对此企业承担着恢复生态环境的义务，而因企业排放粉尘、有害气体造成工人身体机能受损如呼吸道疾病等而支付的赔偿就属于企业的现时义务。第二，与该义务相关的经济利益很可能流出企业。但这并不意味着只要经济利益存在流出企业的可能就可以被确认为企业的生态负债，而是经济利益可能流出企业，且该可能具备较高可靠性，才可将这种经济利益的流出确认为企业的生态负债，如表3-1所示。第三，经济利益的流出能够被可靠计量。只有满足以上三个确认条件，该生态事项才能确认为预计生态负债。

表3-1　不确定事项的处理原则

发生的可能性	概率区间	处理方法
基本确定	95%＜概率≤100%	确定为生态负债
很有可能	50%＜概率≤95%	按最有可能发生的金额确认为生态负债
有可能	5%＜概率≤50%	不确定为负债，但在报表中披露
极小可能	0%＜概率≤5%	不确定为负债，也不披露

3.4 生态权益的确认

根据生态权益的相关定义，生态权益反映了公司生态资源所有者的剩余权益。因此，包括生态资产在内的会计要素都会对生态权益的确认造成影响。企业的生态资本可以从以下两个方面进行确认：一方面，企业在生产经营活动中,如果无偿取得了某项生态资产的开采权或使用权，能够控制这项生态资产，则企业应对该项生态资本进行确认；另一方面，如果某项生态资产的自身价值远远大于取得该资产时所花费的成本，且企业有充分的证据能够证明以上条件，则企业应当将该项资产确认为企业的生态资本。

3.5 生态收入的确认

在传统会计核算中，生态收入根据来源可分为内部生态收入和外部生态收入，内部生态收入指的是与生态因素相关的经济活动所产生的收入。根据定义，我们发现内部生态收入的确认标准与传统会计中收入的确认标准大致相同。而因生态效益外部影响实现的价值内部化，换而言之就是价值转化为生态款和货币资金时才确认的生态收入，其生态成本中包含了尚未实现的价值。

对于生态效益的会计归属，学术界一直存在着三种观点：第一种观点认为应将生态效益整体作为一项资产，该观点的不足之处在于学者们对于应将生态效益归于哪类资产存在着不同的意见。有学者认为应将其作为无形资产看待，也有学者认为应该将“生态资产”科目单独列出。第二种观点是将整个生态效益视作一项资产和一项权益,一方面设立“生态资产”科目用以核算生态资产；另一方面设立“生态资本”科目用以核算生态权益。第三种观点将生态效益确认为收入。该观点存在一个不足，即在确认生态效益的价值时无法将已实现部分的外部性价值和未实现部分的外部性价值区分开来，导致了生态效益的外部性价值被重复入账。此外，在生态效益应被视作一个流量概念还是存量概念这一问题上，学术界尚未统一观点。对于生态效益价值的会计处理，将已通过已内化的生态效益价值与尚未内化的生态效益价值对计入经济领域的生态收益予以区分，对于已内化的生态效益价值不必再作处理，对尚未内化的生态效益需要重点处理。生态效益的会计确认过程具体如图 3-1 所示。

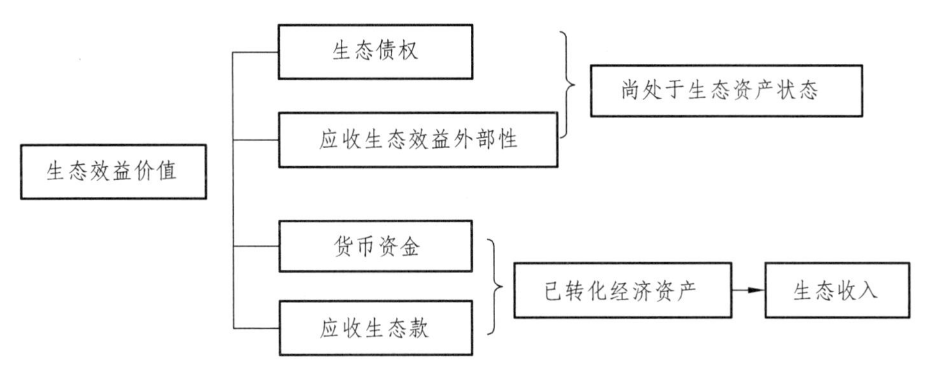

图 3-1 生态收入的会计确认

生态效益的会计核算范围总共包含七项内容：涵养水源、生态游憩、生物多样性、生态防护、固碳释氧、净化环境、保育土壤。按其市场化发展程度不同可分为以下三个方面层次：涵养水源、生态游憩、生物多样性为第一个层次；生态防护和固碳释氧为第二个层次；净化环境、保育土壤为第三个层次。这种按照核算层次划分生态效益的方法也反映了生态效益纳入主体核算的优先性和可靠性。对于具有某种特定生态功能的生态系统而言，经营目的的变化会导致其核算的生态效益项目也随之改变。作为整个确认过程乃至生态效益会计核算过程的关键环节，生态效益初始确认的准确衡量也是整个会计核算过程核算的有序进行的基础。但随着评估信息技术水平的不断提高，中国市场上涌现出了许多与生态系统相关的产品和服务，生态环境效益研究价值的后续确认频率将逐渐加快，生态效益的确认逐渐转变为以交易额入账，此时生态社会效益外部性将渐渐消失。

3.6 生态成本的确认

生态成本的确认时间是指生态成本首次被识别的期间。若该项生态成本能够满足企业对于资产的确认标准,就应该将该项生态成本资本化,在包括本期在内的各个受益期间内摊销;反之,如果不符合资本化的条件,则应以费用的形式计入当期损益。企业因违反环境法规被相关部门判处的罚金,以及企业因经营活动对周边生态环境的破坏和对周边居民造成的损失所产生的赔偿支出不同于其他生态环境成本,罚金或赔偿在企业预期内并不会为企业带来任何利益或回报,因而应单独披露在企业的财务报表上。另外,需要单独披露在企业财务报表上的科目也包括作为非常项目记录的生态成本。生态成本会计处理的关键在于区分生态成本被分摊至几个期间还是全部计入一个期间,即资本化还是费用化。生态成本资本化的影响如下:① 提高企业所拥有的其他资产的能力,提高生产效率;② 减少或防止今后经营活动所造成的生态环境污染;③ 保护生态环境。

此外,生态成本资本化的情况还应该包括企业为了防止或减少可能造成的环境污染而发生的相关成本。但如果生态成本不满足资本化的条件,不能为企业带来预期利益,生态成本就不能被资本化,这些成本包括企业日常经营过程中在本期发生的清理成本、废物处理成本等。与生态环境相关但因应作为费用计入损益的成本包括因不遵守环境法规被相关部门处罚所产生的罚款,以及因企业经营活动对周边环境造成损害而支付的赔偿等。

如果一项环境成本现在或未来并不为企业带来特定的利益,而是依附于企业的另一项生产性资产,与其组合使用,共同产生未来利益,则该环境成本不能被单独确认为企业的某一项生态资产,而是与另一生态资产共同被确认为企业的生态资产。例如,企业要清除附着在建筑物上的石棉,清除石棉所发生的支出本身并不会使企业从中得到收益,因而企业不能将这笔环境成本单独确认为一项生态资产。

为了核算企业所发生的生态成本，可以在企业会计账户体系中增设生态成本账户，将生态成本作为企业生产成本的一部分计入会计账簿。生态成本计入企业生产成本，直接提高了产品的整体生产成本，此时企业出于对利润的考虑，往往会将这部分产品成本转嫁给消费者。但从另一方面来说，生态成本计入生产成本能够促进企业转变生态策略，对相关工艺技术进行改进，采取生态环境措施，降低环保费用，在降低成本的同时，也有助于改善生态环境。

3.7 生态利润的确认

生态利润是反映企业经营成果好坏的重要指标，信息使用者可以通过生态利润评价该企业对生态的保护与治理绩效。生态利润与企业的生态收入、生态成本息息相关，作为二者之间的净额，要想确定生态利润这一指标，最重要的是明确企业的生态收入与生态成本，只有企业在生产经营中取得的收入与发生的支出符合生态收入、生态成本的确认条件，才能将二者之间的净额确认为企业的生态利润。

第4章 生态环境补偿会计计量研究

4.1 生态环境补偿会计的计量

会计计量是在会计要素确认的前提下，将会计要素的内在数量关系加以衡量、计算并确定其金额的过程。在生态环境补偿会计中，会计确认可以解决经济活动定性的问题，即能否确认、确认什么、确认时间的问题，而会计计量则可以解决经济活动定量的问题，即多少的问题。会计确认与会计计量密切相关，共同构成了生态环境补偿会计的基础。

在会计计量中，企业根据经营活动的需要，运用一定的计量单位，选择合理的计量属性。会计计量以货币作为主要的计量单位，不排斥运用其他的计量单位，如实物或时间等，但应该以货币计量为基础，其他计量单位为辅助。会计的计量主要包括历史成本、重置成本、可变现净值、现值和公允价值等计量属性。生态环境补偿会计包含于会计体系中，与传统会计相同，生态环境补偿会计也可采用以货币计量为主、其他计量单位为辅的计量方式。但是由于其具有特殊性，有些时候生态环境补偿活动信息不能完全采用货币计量方式，企业往往也借助实物计量、技术计量等方式对生态环境补偿会计进行计量。在计量属性的选择上，由于生态环境系统存在复杂多变性，历史成本计量作为会计计量属性存在着诸多缺陷。例如森林资源，矿产资源等自然生态资源，其历史成本无法反映其生态服务价值。因此，可变现净值、公允价值是更科学的生态自然资源计量属性。

生态环境补偿会计的计量方法可以借鉴环境会计的计量方法，在环境经济学的基础上，借助于模糊数学的方法，结合生态环境补偿会计的特点加以实施应用（朱小平，1998；孟凡利等，2004）①。在环境会计计量方法的研究中，针对环境具有的复杂性、模糊性、非交易性的特点，学者们提出了许多计量方法。Leng-Dong Lee（2002）提出对环境会计的计量方法可采用影子价格法②。孙金芳（2010）提出用 Logistic 模型法计量水污染的成本③。

随着生态环境经济学理论体系的不断发展和完善，生态环境补偿会计的计量方法体系也不断发展，在企业实际活动中，生态环境补偿会计的计量方法主要包括以下几种。

4.1.1 直接市场法

直接市场法是针对商业市场生产力的变动，衡量其在相关范围内被评价的质与量，以及标准指标的相互影响变化活动，以计量生态质量变动所带来的后果，随后，运用商业市场价格对这一变动的前提、后果进行测算的方法。直接市场法主要包括如下几种。

1. 市场价值法或生产率法

企业在生产经营过程中可能会对周围生态情况产生不良影响，随后进一步影响相似的商业市场，致使商业市场的生产模式产生改变，产品

---

① 朱小平，徐弘，包小刚. 环境会计计量的基本理论与方法[J]. 财会月刊，1998，12：5-6.

② LENG-DONG LEE， JONG-BOK PARK，TAI-YOO KIM， Estimation of the shadow prices of pollutants with production/environment inefficiency taken into account: a nonparametric directional distance function approach[J]. Journal ofEnvironmental Management，2002，64：365-375

③ 孙金芳，单长青. Logistic 模型法和恢复费用法估算城市生活污水的价值损失[J]. 安徽农业科学，2010（21）： 1443-1444.

销售数量产生变化，因而能够通过产品售出数量的改变来核算生态价值的改变。比如，某公司向外释放污染物，对周围生态产生消极影响，对附近企业的一般生产活动产生不利影响，这时的生态价值就能够按照相关企业由于生态破坏减少的生产数值来核算。如果是在主要市场机制相对优异的情况下售出产成品，那么生态价值的核算可以直接用此产品的市场价格表示。具体计算公式如下：

$$V = P_1 \times Q_1 - P_0 \times Q_0$$

式中，V 是依据一种特定商品的生产输出变化所计量的生态效益；P_1、Q_1 分别是实物在生态环境下的商业价值和输出数量；P_0、Q_0 是成品在相似市场质量下的价格和生产数量。如果市场的相关标准不全面，那么，就需要对平均市场价格和数量进行调整，或者用影子价格代替原来的市场价格。

对于农作物的大面积同类损失，可以采用如下公式进行估算：

$$C = \left(P_0 \times Q_0 - P_1 \times Q_1\right) \times S$$

式中，C 为农作物的大面积同类损失；P_0、P_1 分别为环境受影响前后的单位价格；Q_0、Q_1 分别为环境受影响前后的单位面积产量；S 为受影响农作物的面积。

2. 人力资本法或收入损失法

环境污染会对人体健康和劳动能力带来极大的负面影响，这种影响主要表现为劳动者患上各种疾病甚至过早死亡，从而给生产带来较大的经济损失。为了评估或者减少这种损害，可运用人力资本法来估量环境治理的收益。人力资本法主要是指因自然人非正常死亡或者不再拥有运用自身劳动增加其生产能力而导致的利益获取的减少，这种损失受劳务指标的影响，而且可以用减少工作时间的预期收入现值来表示。用公式计算如下：

$$L_3=\sum_{n=x}^{\infty}\frac{\left(P_x^n\right)_1\left(P_x^n\right)_2\left(P_x^n\right)_3}{\left(1+i\right)^{n-x}}\times F_{n-x}$$

式中，L_3为人力资本法的损失；$\left(P_x^n\right)_1$为年龄 x 的人活到年龄 n 的概率；$\left(P_x^n\right)_2$为年龄 x 的人活到年龄 n，并且具有劳动能力的概率；$\left(P_x^n\right)_3$为年龄 x 的人活到年龄 n，具有劳动能力且仍然在工作的概率；i 为贴现率；F_{n-x}为年龄 x 的人活到年龄 n 的未来预期收入。

如果要简化上述对人体健康损失的计算，可以采用经过修正后的计算公式：

$$L_3=L_{31}+L_{32}+L_{33}=P\sum_{i=1}^{n}\left(a_i\cdot S\cdot t_i\right)+P\sum_{i=1}^{n}\left(b_i\cdot S\cdot T_i\right)+P\sum_{i=1}^{n}\left(a_i\cdot S\cdot c_i\right)$$

式中，a_i为污染区某种疾病高于对照区的发病率；b_i为污染区某种疾病高于对照区的死亡率；S 为污染区覆盖人口；t_i为因某种疾病人均失去的劳动时间（含非医务人员护理时间）；T_i为因某种疾病死亡人均丧失的劳动时间；c_i为污染区人均国民收入；P 为某种疾病人均医疗费。

3. 防护费用法

为了减少或彻底消灭因经营事项而致使生态遭受破坏而需要负担的成本费用，所采取的改变生态物品和服务的内在价值的办法就是防护费用法。根据适用准则的不同，采取不同的措施承担防护成本：根据“谁污染，谁治理”的原则，由环境破坏者承担一些设备或减轻治理的费用；根据“谁污染，谁付费”的原则，由环境破坏者购买设备，并且给予受害者一定的补偿金额，所需成本算作生态计量的依据。

4. 恢复费用法或重置成本法

生态环境的恶化会给生态系统和环境质量造成损害，为了使生态系统和环境质量保持（或者恢复）原有的状态，就必须采取一定的治理措施，由此而引起的相关费用支出可以作为环境质量的最低价值（或污染

损失的最低估计）。恢复费用的估算一般采用重置成本计算（又称重置成本）。具体计算公式为

$$C=\sum R_i+\sum E_i$$

式中，R_i 为恢复某方面环境资源的费用；E_i 为补偿某方面不可恢复的环境资源功能的支出。

将恢复环境资源的各方面费用和补偿不可恢复的环境资源功能的各方面支出分别汇总求和，结果相加，得到所需数据。当恢复和功能补偿相近的区域被归类后，可以得到较为简化的计算方式：

$$C=\sum R_i\times s_i+\sum E_i\times s_i$$

式中，S_i 为归类后第 i 类区域的面积；R_i、E_i 为恢复和补偿功能的单位面积支出。

5. 影子项目法

当某个建设项目破坏了生态环境质量，且技术上可能无法恢复到原有状态，或者即使恢复到原有状态但恢复费用过高，此时，可以设计另一个使生态环境质量对社会经济的发展和人民的生活水平的影响保持不变的项目，作为原有生态环境质量的补充或替代。这些作为原有项目的补充或替代但与原有项目不可能同时实施的项目方案（包括补充项目）就是影子项目。如果无法直接评估因建设项目所造成的环境质量损失，可以用该项目的费用支出来估算环境质量变动的货币价值。

直接市场法的使用一方面要求观测和度量环境质量的变化，另一方面需要收集货币价格（包括市场价格和影子价格）的数据。由于生态环境资源存在特殊性，很大一部分生态环境资源并没有可供参考的市场价格，或者即使存在市场价格，也不能完全反映环境质量变动的结果。此时运用直接市场法对环境质量进行评估就存在很大的局限性，而影子项目法则可以起到很好的补充作用。

4.1.2 替代市场法

在现实生活中，有些环境物品没有可供衡量的市场价格，此时可以通过某种具备市场价格的替代物间接衡量该物品的市场价格，这种方法就是替代市场法。替代市场法可以利用一些其他方法所不能利用的信息，这些信息会间接受到与环境质量相关的商品或服务的影响，并通过这些因环境质量变化而产生变动的商品或服务的市场价格来衡量环境价值。这种方法的局限性在于，替代性市场所涉及的信息往往是多种影响因素共同作用的结果，而环境因素只是多种影响因素中的一部分，要排除其他因素的干扰往往十分困难。因此，跟直接市场法所得出的环境价值相比，替代市场法通过间接衡量所得出的环境价值可信度会更低。

1. 后果阻止法

环境质量的不断恶化将阻碍社会的进步和社会经济的发展，为了防止这种情况的发生，通常采取两种方法：一是保护环境，改善环境质量。但这种方法适用的前提条件是环境受到的损害可以恢复，当环境质量恶化以至于无法逆转或者逆转可能性很小时，这种方法就不再适用了。二是提高公司在其他项目的投入或支出，用相应的投资或支出来缓解生态破坏造成的不利影响。这时，公司增加的投资或费用可以被看作是公司因生态破坏所应该负担的社会费用，其增减变化映射生态价值的相应变化。这种通过投资或费用变化来核算生态质量变化的市场价值的办法就是后果阻止法。

2. 资产价值法

资产价值法又称舒适性价格法，它认为某些资产价值在与环境条件密切相关的同时，也对环境质量造成的影响非常敏感。资产价值法是指其他因素不变的情况下，通过观察计量因环境质量引起的资产价值变化额来衡量环境质量变化造成的经济损失或收益的方法。例如，在其他因素不变的条件下，房屋资产的价格受环境质量和其他因素（房屋特性、四邻条件等）的影响，可以通过计算房屋价值变化来衡量环境质量变化造成的经济损失或收益。

3. 工资差额法

工资水平的高低受很多因素的影响，其中，人们工作所处的环境质量是影响工资水平的重要因素之一。当影响工资水平的其他因素一定时，环境质量的差异可以表现为工人所获工资数额的不同，使用工资数额的差别来体现生态质量的经济效益的办法就叫作工资差额法。例如在核电厂工作的员工与在普通企业类似的岗位工作的员工相比，由于其已有和潜在的危害，工资水平较高。

4. 旅行费用法

在一些环境舒适的旅行地区，旅游者在该地的消费行为、旅行费用一定程度上反映了旅游者对该地环境质量的态度，这种利用旅行费用，来体现游客对于相关生态质量的花费意愿、间接计算生态带来的财务优势的方法被称为旅行费用法。

4.1.3 意愿调查评估法

意愿调查评估法是根据调研所得到的计量非市场产品或服务数额的方法，是大部分国家在需要进行生态产品价格计量时使用的方法。意愿调查评估法运用向相关人员发放问卷的方式对产品或服务的价值进行引导，但此方法对于产品或服务的价值判断往往依赖于人们的经验，而非以市场行为为依据，此外，该方法还要求被调查者具备一定的知识储备，能够对环境物品进行合理的估价，并且愿意向调查者表达出自己真实的支付意愿或受偿意愿。意愿调查法大致可分为三类，主要有投标博弈法、比较博弈法和无费用选择法。

1. 投标博弈法

投标博弈法（bidding game approach）是指在不同情况下，被调查者对不同水平的环境物品或服务的支付意愿或受偿意愿。投标博弈法又可分为单次投标博弈和收敛投标博弈。

单次投标博弈的过程可以分为两步：第一步，调查者需要向被调查者解释和说明一些基本情况，让被调查者对于需要进行核算的生态实物或服务的特点、解决生态问题的方法有足够的知识储量；第二步，调查被调查者是否愿意为改善环境付出经济上的支出，了解被调查者的花费想法；或调查被调查者能够接受的获得生态破坏赔付的最小值，得出被调查者的受偿意愿。

收敛（重复）投标博弈与单次投标博弈的过程大致相同，具体分为两步：第一步，调查者给定一个具体的金额，询问被调查者是否愿意支付该金额换取某一物品或服务。第二步，如果被调查者给出肯定（否定）的答复，调查者就调整这一金额，直至被调查者给出与之前相反的答案，这就是被调查者的最大支付意愿（最少接受赔偿意愿）。收敛投标博弈与单次投标博弈的区别在于单次投标博弈支付意愿的数额是由被调查者提出的，而在收敛投标博弈中，被调查者无须自行确定数额。例如，调查被调查者对森林保护的最大支付意愿（最少接受赔偿意愿）。第一步，调查者给定一个具体的货币数额（比如 10 元），询问被调查者，若某一森林将被破坏，他是否愿意支付 10 元来换取这片森林不被破坏，如果被调查者给出了肯定的答复，调查者就将需支付的货币金额提高（比如提高到 11 元），直到被调查者给出与之前相反的答复，不再愿意支付某一金额（比如 20 元）来换取这片森林不被破坏。第二步，根据第一步得出的结论，调查者再次降低被调查者需支付的金额，找出被调查者愿意付出的临界点的精确数额。此外，还可以通过另一种方式进行调查，即调查被调查者的受偿意愿。第一步，询问被调查者如果森林被破坏，他能得到一定数额的赔偿，是否愿意接受森林被破坏的事实，当被调查者给出肯定的回答后，调查者降低森林被破坏所能得到的赔偿，直到被调查者拒绝该笔赔偿。第二步，调查者再次提高该赔偿的金额，找出被调查者愿意接受森林被破坏的具体赔偿金额，最终得到的具体金额为被调查者的最少接受赔偿意愿。

2. 比较博弈法

比较博弈法（trade-off game）又称权衡博弈法，调查者给出多种物品和相应货币的组合,然后要求被调查者根据自己的偏好在这些组合之间进行选择。多种支出最简单的情况是先提出两种选择方案，即调查者将一定的环境商品或服务和一定数额的货币组合起来,环境物品或服务的价格可以通过组合中货币的数值表示。向被调查者提供一组环境物品或服务以及相应价格的初始值,然后询问被调查者在环境商品和一定数额的货币中更愿意选择其中的哪一项，被调查者根据自己的喜好在二者之间进行取舍。根据被调查者的反应，调查者不断提高（降低）其中一项的价格水平，直至被调查者认为二者的价格相等,选择二者中的哪一个都可以为止。此时，项目中的货币数额就是被调查者对于调查者给出的环境物品或服务的支付意愿。此后，调查者再提出另一组组合，重复上述的询问环节，最后对被调查者在不同组合下的选择情况进行汇总和分析,进一步估算出被调查者对环境物品或服务边际环境质量变化的支付意愿。

3. 无费用选择法

无费用选择法（costless choice）可以划分为两步：第一步，让被调查者在无相似性的、没有花费的计划之间作出筛选，了解其计划的选择；第二步，通过不同的筛选，计算出生态质量的经济数值。该方法的优点在于模拟了市场上人们购买商品的方式，被调查者可以拥有两个或以上选择方案，且做出选择对被调查者来说是无费用的，被调查者不管选择哪一个方案都不用付钱，这种方法也因此得名。

总的来说，在运用上述方法估算环境质量的价值时，三种方法要互为补充，灵活运用。如果环境质量的后果可以被度量，且可以用货币价格加以测算，此时应尽可能地采用直接市场法进行评估；如果环境质量能够被观察或找到替代物，就采用替代市场法。在上述两类方法都无法应用时，可以采用意愿调查评估法。上述三种生态环境价值评估方法比较如表 4-1 所示。

表 4-1 几种生态环境价值评估方法的比较

类型	具体评估方法	适用条件	优点	局限性
直接市场法	市场价值法（生产率法） 人力资本法（收入损失法） 防护费用法 恢复费用法（重置成本法） 影子项目法	应用于有公允数值的实物产品以及服务	操作简单，结果真实	只针对产品的应用值，其他关系不好计算
替代市场法	后果阻止法 资产价值法 工资差额法 旅行费用法	应用在可以找到替换其他环境服务功能的场景	相对来说较为完善，可以用于计量间接应用价值	有样本差别；要有大量的数据才可以计算得出；相关商品的择取会影响最终数值的准确性
意愿调查评估法	投标博弈法 比较博弈法 无费用选择法	样本选取要有典型性，了解相关领域或有了解的兴趣；在财务、时间等方面有优势	可以显示环境责任的现有价值，是最终可以应用的方法	有数值差别等，难以框选有关的样本群体；价格大小和层次差别较大；最终结论的变化范围大

4.2 生态资产的计量

1. 生态环境保护和生态治理设备

与传统会计的固定资产不同，生态环境保护和生态治理设备不仅具有固定资产的一般功能，而还兼有生态环境保护和治理以及其他功能。因此计价方法除了采取传统的会计计价方法，如历史成本法外，还可以参照生态环境成本的计价方法。运用历史成本法时，应区分该设备是外购的还是自建的。外购的生态环境保护和生态治理设备从设备的价款加上运杂费、包装费和安装成本等作为生态资产的价值。企业自行建造的生态环境保护和生态治理设备从建造发生的全部支出作为生态设备的入账价值。对于生态环境成本的计价方法，可以根据设备的功能和收益确定一个分配比例，对属于生态环保和治理功能的部分给予单独计价。

2. 生态环境污染治理专利技术及非专利技术

企业因治理和改善生态环境而取得的专利技术及非专利技术属于企业的生态无形资产。其获得途径有购入和自我研发两种。对于外购的生态环境污染治理专利技术及非专利技术，可以以购买价、相关税费以及其他相关支出作为该资产的入账价值；而企业自己研发的生态环境污染治理专利技术及非专利技术，按照研发过程中实际发生的可以归属于该无形资产的必要支出计价。另外，企业在研发生态环境污染治理技术时，研发时间往往比较长，失败的可能性较大，根据谨慎性原则，将研究过程中所产生研发费用首先算进企业的本期费用，研发成功之后，再把所发生的费用计入该生态无形资产的成本。

3. 资源利用和使用权限

公司的无形资产权利涉及资源开发和使用。本公司的估计价值可以通过本公司取得资源开采和应用权利产生的费用成本核算。这些费用成本由公司在履约期内分期支付。公司的无形资产即使不是实物形态，也表示公司具有的某种法定权利，或者公司高于普通公司的盈利能力。因为无形资产的盈利能力有极大的不稳定性，因此很难根据生产价值或盈利能力来衡量无形资产的价值。所以，我国会计准则将无形资产按初始价值、成本法分类，但这个方法存在局限性，即难以计量无形资产的真实财务数值和由此产生的将来收益。

4. 生态环境补偿资金

生态环境补偿资金的主要来源是政府相关部门的拨入，属于流动资产，其金额可采用历史成本法予以计量。

4.3 生态负债的计量

生态负债的计量是指以货币衡量发生的各项生态负债的价值。根据生态负债的特征，可以看出环境负债是生态负债的重要组成部分，因此，在一般负债的计量模式的基础上，可以借鉴环境负债的计量模式与方法，对生态负债进行计量。对于不同的生态负债有不同的计量方法。对于未来清偿金额和清偿日期可以确定的生态负债，可以采用传统的财务会计计量方法和模式进行计量，例如企业违反相关环保法律法规等受到的处罚和罚款、因环境污染或破坏等问题需对第三方支付的赔偿金额等，此类环境或生态负债都可以按照法院裁决的支付对价来核算。针对不能确定的环境费用，因为附带责任、时间等原因，不能对相关项目进行精准确定，如污染恢复费用、资源负债等，对不确定的生态负债的核算主要有如下观点：

加拿大特许会计师协会（CICA）认为，如果某种负债未来发生支出的概率很大，同时可以对其进行可靠的估价，那么应该在财务报告中确认这种负债。如果可以确认估计负债金额的范围，那么这种负债的金额应该代表企业管理层的最佳估计金额。反之，如果某种负债未来发生支出的概率很大，但是无法对其进行可靠的估计，那么不可以在公司财务报表中作为以后的负债项目报告，而可以在财务报表中公开为何未确定该负债以及何时可能发生费用。负债的财务数值是过去交易或事件当前义务的任何估计数值，与未来环境付出相关的对价应按预计的持续成本核算。所以，公司每年应该对已经过账的债务进行复核，针对不合适的部分进行恰当的调整。如果环保转出的数额较大，而且支出期限较长，企业可以采用虚拟的“实际”利率对预计的运行成本进行折现，计算其现值。

联合国专家工作组认为，与长期资产的重新取得或失去及厂房有关的生态费用可以使用当期成本法确定。当前成本为实施某些措施的现值法，即未来所必需的支出估计的现值计量。所需要的成本估算按现值确定，但也能够根据本期开展特定活动的预计成本（在相应活动中编制预计费用）进行评估。现值法与成本法的相同处在于均需要依据现在的条件和法律确定现在重新取得、关闭和清理场地的预计费用（当期费用估算）。根据现行成本法，此次计量金额报告为环境负债。根据现值法，环境负债以遵循义务需要的预计未来现金流出的现值为基础进行估值。相关经营期间的预计费用准备以最后预计的现金流量为基础进行估计，不以业务发生期间所运用的数值为基础进行计量。现值法需要更多有价值的信息；包括和时间价值、遵守偿还义务需要的估计现金流量的时间和价值有关的信息。对估计现金流量产生改变的角度也可用于预计相关事项的最终走向，增加了现值法的不确定性。所以，一些专业人士认为，和现在的费用计量方法相比，现值法不够可靠，因为未来事件存在不确定性。他们认为当期成本法是对项目金额的更真实反映，因为当期成本法不涉及后来项目的不确定性。另一部分人认为，负债开始计量、最后偿还之间的时间间隔越长，当前成本法对决策的用处就越小。

现值的计算受到未来估计现金流的金额、贴现率、到期日以及通货膨胀等因素的影响。因此，美国证券交易委员会（CSEC）明确规定，采用现值法计量和估计环境负债的金额时，为了准确计量出环境负债的金额，所使用的贴现率不能大于无风险的利率，同时要考虑通货膨胀的影响以及将会发生的预期成本等因素。除此之外，企业每年应定期审核环境负债发生及入账的金额，并进行相应的修订和调整，以便真实地反映出环境负债的时间价值。如果负债的金额和现金支出的金额是固定而又可靠的，而且发生的时间也可以确定，那么在运用现值法计算环境负债的现值时可以不进行调整。

综上所述，对生态负债的计量与环境负债的计量相似，若费用有不确定的可能性，且需要近期返还，就使用普通的费用法来核算。如果预测以后的支付数值很大并且花费的时间较长，可以使用现值法来核算类似的生态负债。另外，公司应该每年在固定时间针对使用现值法核算的生态负债初始价值进行复核，也要根据有关政策进行适宜的更改。

4.4 生态权益的计量

生态效益的核算一般与生态资产的核算有紧密的关联，由于主要的生态资本都随着生态资产的获得而获得，一般用确定的数值、公允价值进行核算。但是环境保护基金的核算能直接按照税后的利益或真实得到的数额来确定，而留存收益则能够按照真实获取的数值进行核算。

4.5 生态收入的计量

生态收入应通过实际获得的数值进行核算，一些不可以直接用金钱表示的生态收入可以使用成本费用支出法和机会成本法进行计量。生态收入金额的确认可以分为三个方面：第一，内部生态费用直接按照公司获得的销售佣金数额核算；第二，针对外部环境效益，如公司因为环境保护而得到的税收优惠和政府奖励，直接根据得到的数额来核算；第三，由于外部性原因造成的收费，不可以直接用货币来核算，如公司可以使用成本费用支出的方法以及机会成本法核算改造不可再次使用的矿井、修建环境休憩场所发生的支出。

明确生态收入的计量属性与计量尺度是解决生态盈余会计核算项目的关键。环境收益虽然有不同的会计核算指标，但“历史成本+公允价值”的模式可能比较适合环境收益的核算特征。其优点可以从以下三个方向来梳理：第一，从以前的费用和公允价值这两项核算特征混合的可能性来说，公允价值和以往费用之间有一些不同之处，可是二者又是相似的，它们反映了主体生态资源的真实情况。历史成本与公允价值的结合，能够确保信息的真实性，还可以保证信息的关联性，对核算的真实性要求比较高的项目可使用历史成本核算，对核算信息相关性要求较高的项目可使用公允价值核算，在使用过程中，历史成本与公允价值的结合有利于投资者了解企业的真实情况。第二，从生态收入计量的特殊性来看,权责发生制原则和配比原则是生态收入计量应遵循的基础性原则,在此基础上，生态收入应采用历史成本模式。因而，生态效益价值计量成为生态收入外部性计量的核心问题。环境收益代表一种特别的环境系统外向型效应。不管涉及生物效益还是生态收益，使用以往成本核算特征来核算都有极其严重的缺点。从生态效益的角度来说，大多数生物效益是人与自然力相互影响而产生的。从环境收益的角度来说，它们往往没有或只有比较优势，而且费用较低。如果生态效益价值仅因历史成本核算而无法反映其真正价值，公允价值模型就变成计算环境收益外部性的唯一选择。第三，全球会计的生态效率计量的标准基于国际会计准则第 38 号和国际会计准则第 41 号，对于非固定资产的后续估值有费用和重新估价两种方式可以挑选。由于农业生产项目的非一般性，后者没有使用以往的资产负债表基于高历史收购成本和收入实现准则的估值模型,但需要生物效益的公允价值和取得成本得到可靠的确定。“公允价值”是 IAS41 首选的估值方法。对于生态效益来说，当公允价值不能确定的时候，能够运用费用估值法，而农产品在获取时按照国际公允价值进行估值。会计准则通常适用于历史成本和公允价值混合的情况。

根据环境效益核算的长期计划,环境费用核算划分为两个阶段推进。

第一阶段为现在的阶段。现在的过程是从以前的收购费用向收购成本和公允价值并存的转变。评估生态收益时运用交易当时的估价，评估生态效益时采用公允价值。但是，在使用“公允价值”模型衡量生态费用的时候，应该思考生态服务大环境现在的活跃程度，应该用不同的态度来对待各种生态效益。在这个时候，可以使用非货币价值评估标准来衡量和公开不可以用公允价值核算但对报表应用者十分重要的环境效益。这个就是特殊的估值模型“(历史成本+公允价值)/(名义货币+实物单位)”，现在衡量的是环境收益的外向性。第二阶段是从复合估值模型向“公允价值/名义货币”估值模型的过渡。只要环境服务的高效指标达到相应的程度，环境收益的评价特征将完全转变为公允价值，仅仅可以用非货币评级尺度来衡量的环境收益会被货币化。这个时候，环境收益外部性信息被传达成全面的公允价值信息。另外，还能够依据报表数据使用者的要求，持续显示环境收益的物理量信息。

4.6 生态成本的计量

企业的生态成本存在两种计量方法，即货币计量方法和非货币计量方法，前者适用于对企业实际应支付金额的计量，后者适用于对可预见未来生态支出的计量。

4.6.1 生态成本的计量方法

在国内，生态会计尚处于萌芽阶段，结合我国的实际国情，应以生态环境成本为基础，充分利用作业成本法和生命周期成本法这两种有效可行的方法。

1. 作业成本法

作业成本法（Activity Based Costing，ABC）是一项以工序为核算目标，经由费用原因核算、估计工作量，并依据工作量冲减间接成本的费用核算办法。凭借 ABC 法，运营成本能够把一个产成品的费用划分成四个部分：

①与产品生产相关的非间接消耗，涉及制造费用、直接人工等，这个级别的运营费用是与输出成正比的。

②生产批次费用。生产批次费用是生产批次和包装类型方面的消耗，涉及制造批次所需的质量成本等。生产批次的数量影响这个级别的运营成本。

③产品维修费用。产品维修费用是和产品类别相关的资源消耗，涉及为取得特定物品允许生产销售的凭证和包装设计而产生的费用。产品的种类和复杂性影响了该级别的运营费用。

④工厂级成本。工厂级成本是保持设施生产能力相关的消耗，涉及摊销、安全审计费用等。部门的大小和层级影响了这一部分的运营成本。

和以往的费用相比，流程成本会计可以更便宜地分配间接成本。间接成本的分摊由两个步骤组成：首先，总结每个运营中心使用的不同种类的资源费用；其次，根据各自的业务将运营中心使用的资源费用分摊到不同的产品上。最终，使用几个标准来实现间接成本的分摊：不一致的运营中心使用不同的运营动机将制造成本分摊给相应的产成品。但是以往的费用核算仅使用唯一的指标来映射制造成本，无法准确反映因不同技术原因对产品成本的影响。就生产成本分摊的标准性而言，按工艺成本核算方式计算的费用数值更标准、更精确。从费用统筹的角度来说，活动成本管理可以注重费用的成因和结果，通过跟随和动态映射所有运营活动，促进运营管理的持续创新，从而更全面地统筹、决策。

2. 生命周期成本法

生命周期成本法（Life Cycle Costing，LCC）说明的是公司产成品从研发流程开始到销售之后真实应用的全部流程里，最终产物计划、研究、生产和服务的总体费用。所以，LCC 法与其他方法的区别在于它研究的是产物从创新、计划一直到生产的全部生命期间的全部费用，生命周期成本法对升级企业的产业链条和提高财务优势有促进作用，延长了扩张和发展的时间，扩充了公司成本计算的空间视图。相较以往，现代人的消费观念产生了颠覆性的变化：以前大家支持持久、简单的观念，但是由于消费观念变成了向往自身表达、表现特殊性，产品也日新月异，创新周期变短，从而对其费用的组成产生了重大影响。与过去相比，现代企业在产品制造过程中所发生的成本占总体成本的比重降低，而耗费在产品制造过程以外的成本却日益增加。根据 LCC 法的要求，企业在生产经营过程中，应该时刻跟踪检测能源材料的消耗情况和废弃物的产生情况，将产品规划、设计、制造、售后服务等阶段发生的环境支出汇总。根据 LCC 法的基本要求，环境成本可分为三种类型：

① 普通生产经营成本。这项生态费用主要是在公司的产出环节中和最终产品直接有关的费用。除了涉及一些直接材料、固定设备费用等，也涵盖了为公司维持好的生态而产生的费用，例如买进的比较超前的环境生产工艺设施、改造生态资产等产生的费用。

② 受规章约束的成本。这类环境成本是指企业在生产经营过程中由于遵循政府环境法规而产生的、并不属于产品直接成本的支出。例如企业的污水处理费、购买检测监控企业排污情况的设备所发生的支出、因违反环境法规而被相关部门处罚所缴纳的罚款等。

③ 或有负债成本。根据法规，这项费用是指因为公司的生产项目对附近生态造成的破坏而使公司在未来有可能产生的费用。或有负债成本涉及因为生态破坏程度比较严重但是还没有进行恢复或改善，国家就对某家公司进行罚款；公司因为污染对附近单位以及自然人的身体或经济产生危害而可能导致的赔款等。

通常的制造和运营成本以及受监管的费用都是公司以前发生的费用，因此可以直接从公司的簿记中获取有关数据。在计算阶段，通常的制造和运营成本采用以往的方法直接算到相应产品中去；应该予以规定的成本将分配到使用作业成本法发生的成本中，并在相应产品中考虑。针对或有负债成本，因为还没有产生，不能直接从公司的会计记录中提取，但公司能够按照以往的经验、过去的方法测试这些成本的金额。普通的费用预测方法包括保护成本法、恢复成本法、影子工程法、替代估值法等。生态费用包括以后较长期间的，能够经过折现率核算出现值，这样或有负债成本的数值就是现值。

LCC 法除了运用预测方法以外，大多采用传统方法或 ABC 法，与传统法相比，ICC 的优点可概括为两点。

① 完整性。传统成本法只对企业过去的成本进行核算，LCC 法通过对或有负债成本的核算，补充了传统成本法的不足，将成本的分析范围延伸到了未来成本，保证了产品成本项目的完整性。

② 符合收入与费用的配比原则和权责发生制的原则。与传统方法相比，使用 LCC 法计算出的产品成本能更加真实地反映产品所发生的真正劳动耗费，有利于企业管理者进行生产经营决策，挖掘内部潜力，降低成本。

3. ABC 法和 LCC 法的联系

事实上，ABC 法和 LCC 法并不是彼此独立、互不相干的两种独立方法，而是相互补充的。ABC 法为企业提供了一种合理分配环节：成本的标准——成本动因，而 LCC 法则补充了 ABC 法对或有负债成本的核算，将作业成本的分析范围延伸到未来成本。企业可根据自己的实际需要将二者结合使用，使得企业的成本信息更加客观、真实、准确。

4.7 生态补偿利润的计量

和环境收益的计量相似，生态收益的测度与环境收益和生态费用的测度密切相连。生态收益能够表现为生态收益扣除生态费用的净值，环境效益在年末资产负债表中显示；除此之外，针对那些不可以真实核算的财务信息，公司需要补充相关信息，添加文字附注。

第 5 章
生态环境补偿会计的信息披露

5.1 生态环境补偿会计信息披露概述

生态环境补偿会计信息是环境会计系统不可缺少的一部分，以货币为主要形式的资料为主，与其他数据资料、文献资料相结合，对环境相关的经济循环过程以及结果进行更加详细的反映。在当今社会，对于各种信息的筛选与判断对事项的决策有很大影响，而环境会计的研究对环境会计信息的筛选、分析和披露有很强的依赖性，所以学者们为了作出进一步的抉择，更加注重相关信息的收集，尽可能地收集有效信息，从而更好更科学地解决环境问题，优化资源配置。生态环境会计信息披露的动因是什么？企业为什么要对环境信息进行披露？对此，会计学界在理论上给予解释与理解，具体如下。

1. 决策有用观

这种观点认为，企业要对外披露与生态环境有关的会计信息，是为了给对企业会计信息有审核、监督作用的内、外部利益相关者，例如社会公众、政府单位以及企业投资者、债权人提供对于最终决策有积极影响的信息。从政府监管部门的角度看，为了保护和改善生态环境及对生态进行有效的补偿，实现经济社会可持续发展，需要全面了解和掌握企业有关生态环境方面的信息，为制定宏观环境保护政策和调节国民经济提供必要的依据。从企业外部投资人（包括现有的投资者和潜在的投资者）的角度来看，他们需要了解全面的财务信息，特别是对注意环保意识和可持续发展的投资者来说，生态环境信息尤其重要。投资者搜集到的关于企业经营活动的信息会直接影响到他们的投资行为，而投资者收集的信息有时是不够详细的，所以作为信息的发布者，企业高层有义务向外部市场释放真实的信号，以帮助投资者形成对企业的正确判断，尤其是国家越来越重视的有关生态环境方面的信息，更有助于外部信息使用者作出对企业的正确判断，从而引起他们的投资兴趣。从债权人的角度来看，债权人向企业放款的同时，可能会更关注企业环保方面的信息，他们认为有良好的环境保护行为的企业会受到银行、金融机构等债权人的青睐，从而也会缓解企业的融资约束。另外，注重生态环境保护的企业对社会公众也会带来一定的影响，企业在社会公众中树立良好的形象和声誉，也会给企业带来一些无形资源。这种决策有用观不仅仅为企业的内、外部信息使用者提供了影响决策的财务信息，更加强调了空间信息的有用性和相关性，为企业进行生态环境会计信息披露的动因提供了一种新的解释。随着资本市场的不断发展和完善，人们在进行投资决策时会更多地考虑收益和风险的均衡，即选择风险小、收益高的项目和机会，基于此，决策者会充分地利用企业披露的各种信息，便于作出最有利于自己的决策。除此之外，各种新兴学科的发展也为投资人、债权人等利益相关者进行正确有效的决策提供了丰富的理论基础和依据。

2. 受托责任观

针对企业的股东是委托人、管理者是受托人的这种经营权与所有权相分离的情况，受托责任观认为为了及时调整委托者、受托者之间的关系，管理者更要及时向委托人报告企业的相关重要信息以及受托责任的履行情况。具体运用到生态环境补偿会计体系中，在当前生态环境不容乐观的情况下，为了保护和改善生态环境，实现可持续发展战略，企业作为受托方，在充分披露财务会计信息的前提下，更有责任和义务向相关利益方报告管理和改善生态环境的信息。基于此，企业应该向社会和委托人等相关者及时公开、充分披露企业履行生态环境的受托责任过程以及相关处理结果的会计等信息，向社会提供企业的履职报告，说明自己的履职责任。

3. 外部压力观

此种观点认为，企业向内、外部利益相关者所披露的有关生态环境的各种信息，是受到外部的各种压力所致，这些压力包括直接压力和间接压力。直接压力是政府相关部门和监管机构通过制定环保方面的法律法规，要求企业严格遵守。并要求企业在生产经营活动过程中注意保护和改善生态环境，及时向社会公众披露有关生态环境方面的信息。对于违法、违规企业给予刑事或经济社会的处罚。这种来自政府的直接压力使企业不得不向外披露生态环境信息，以避免或减轻来自政府的直接压力。除此以外，企业还面临来自社会公众、投资人、媒体等各方面的间接压力，这种压力虽然不同于政府的直接压力，但可以通过各式舆论向企业施压，迫使企业向外披露有关的生态环境信息。否则会给企业带来负面影响，导致企业处于不利地位。所以，对于企业来说，不仅仅要遵循政府相关部门指定的法律法规、规章制度，还要承担一些有利于企业形象的社会责任，包括保护和改善生态环境的社会责任，才能减轻来自各方面的社会和舆论压力，在公众面前树立良好的声誉和形象。

4. 自愿披露观

自愿披露也叫主动披露，是公司主动向社会公众和利益相关者披露没有被相关会计准则和政府监管机构所要求和规定的信息。其披露动机可能是基于企业控制权争夺、大市场交易、管理层管理能力以及报酬获得等方面的要求（Healy and Palepu，2001）[①]。企业通过积极主动地披露相关信息，包括投资者和债权人等需要的财务信息、社会公众等关注的生态环境信息，一方面可以缓解企业与投资人之间的信息不对称，吸引更多的投资，另一方面，自愿性披露会减轻信息风险，进而降低企业的资本成本。进一步来说，自愿性披露会计信息可以提高企业信息披露水平，降低外部信息使用者的信息搜集成本，提高审计效率，加强公众对企业的了解，最终提高公司的知名度。

综上所述，企业基于代理理论和信号传递理论，对外披露与生态环境相关的各类信息，为企业的利益相关者进行科学和正确的决策提供了必要的依据。

5.2 生态环境补偿会计信息披露的意义与必要性

生态环境补偿会计信息作为一种生态补偿和环境管理信息，能够为政府、投资者、债权人等企业利益相关者进行判断和决策提供重要依据。在我国更加重视生态环境保护、提出可持续发展战略之后，有关生态环境的会计信息除了发挥反映和监督等方面的基本职能外，其公益性对社会公众发挥了更重要的影响。

从总体来说，生态环境问题日益凸显、社会公众对生态环境意识的觉醒以及可持续发展战略的兴起是生态环境补偿会计信息披露的直接动因。

1. 企业自身的发展需要生态环境会计信息的披露

生态环境破坏制约我国经济社会的可持续发展。近年来，我国的经济从高速发展向高质量发展转型过渡，原有的粗放型发展模式已不适应现代社会的需要，集约型、环境友好型等绿色发展模式成为主流，因此，企业越来越重视对生态环境的影响，将环境成本纳入经济发展和决策过

① Healy P, Palepu K. Information Asymmetry, Corporate Disclosure, and the Capital Markets: A Review of the Empirical Disclosure Literature[J]. Journal of Accounting and Economics，2001，31（1-3）：405-440.

程中来。一方面，企业通过会计向企业利益相关者提供生态环境资源存量、流量和生态环境成本费用等信息，使企业的利益相关者及时了解和把握企业有关生态环境的状况，做出正确的评价和决策。另一方面，企业在追求经济利益的同时，保护和改善生态环境，节约生态环境资源，不仅可以树立良好的社会声誉，得到社会公众的支持，而且会从政府相关部门获得一定的政治、信贷等资源，有利于企业在同行业中获得有利的市场地位，提高其市场竞争力，实现企业可持续发展。除此之外，环境保护也是企业在对外进行国际合作和交流时需要考虑的重要原则，良好的环境保护和环境管理记录会使企业在国际合作中处于有利地位。反之，不重视环境问题甚至对环境造成污染和破坏的企业，不但会招致政府强力的干预、监督以及消费者的抵制，同时也会失去国际合作的机会，不利于企业的发展。因此，企业在发展过程中注意生态环境保护，重视环境信息，及时有效地披露生态环境信息，有利于企业的长远发展。

2. 企业环境责任的解除需要生态环境补偿会计信息的披露

20世纪中叶，科学技术迅速发展，社会财富积累，人们缺乏环境、生态保护的意识，导致环境污染严重，生存环境日益恶化。企业作为从自然环境以及社会环境中获利的一分子，不仅仅是社会环境的生产经营者，更应该成为自然资源的保护者，要承担起保护环境、节约资源的社会责任。企业可以从自然环境中获取他们所需要的资源和能量，但是也要通过各种方式反哺自然。在向环境输出的过程中，要对环境责任的履行情况进行计量和报告，环境会计除了计量受托责任以外，也要披露企业的环境会计信息，增加社会公众对企业环境责任履行情况的了解。

3. 企业外部有关信息使用者需要生态环境补偿会计信息的披露

企业外部有关的环境信息使用者主要包括有政府相关部门、外部已有和潜在的投资人、企业债权人（银行和其他金融机构）、企业客户、供应商、工会组织、社会公众等，他们要求企业及时提供有关生态环境活动和生态环境管理的会计信息，以便帮助他们在未来的投资决策中做出正确的判断，且这种决策和判断是基于企业对生态环境的重视、保护以及对自然资源更加合理的开发。因此，企业为了获得更加良好的发展，有必要及时披露与生态环境补偿相关的会计信息，一是满足生态环境信息使用者的需要，二是促进企业自身的可持续发展。

企业的生态环境问题会对外部投资者、债权人等企业利益相关者的利益产生直接或间接影响。不同的信息使用者对企业披露的生态环境会计信息关注角度不一样。政府相关环保部门关注企业对国家的环境法规及环境相关规章制度的执行情况，企业对生态环境是否造成了污染，造成了多大的污染，对生态环境保护和改善做了什么贡献等问题。投资者最关心的是影响企业经营业绩和财务状况的生态环境信息，例如企业对潜在环境负债的披露、对环境成本的计量和核算等，以便了解和掌握企业未来的发展前景，企业的良好行为会吸引潜在的、对企业环保责任履行程度感兴趣的投资者进行投资。银行等债权人在对企业进行贷款资格审查时，会关注企业履行生态环境保护责任的情况，且更青睐于具有良好的环境保护记录和环境保护意识的企业。社会公众关心企业的生产经营活动是否对周围的环境造成污染和破坏，是否对他们的身体健康以及经济利益造成影响。媒体、环保组织和个人往往会通过各种方式和手段将企业的生态环境形象公之于众，给企业造成巨大的舆论压力，迫使企业采取各种手段保护和改善生态环境。企业的职工和工会组织也会经常关注企业的环境问题，提出解决环境问题的一些建议，为树立起企业良好的环境形象做出努力。

5.3 生态环境补偿会计信息披露的原则和内容

5.3.1 生态环境补偿信息披露的原则

与传统会计信息披露一样，生态环境信息的披露也必须遵循一定的原则。公司正确地披露与生态环境补偿相关的各类信息，不仅可以为企业的外部投资者进行决策提供可靠依据，而且对企业自身的可持续发展具有重要的现实意义。生态环境补偿会计不同于传统会计，在计量方面，目前还没有公认的、统一的会计准则作为指导，在信息披露方面亦没有相应的披露原则，因此，在遵循传统会计和环境会计相关披露原则的基础上，基于可持续发展的视角，生态环境补偿会计信息披露还应该遵循以下几条原则。

① 有用性原则。生态环境补偿会计披露的信息应该是对企业的投资人、债权人、政府等企业的利益相关者有用的、也是他们所关心的信息，以便帮助他们做出相应的判断和决策，这就要求生态补偿会计信息的披露必须与这些信息使用者紧密联系，极大地与信息使用者相关，披露的内容满足信息使用者的需求。

② 可操作性原则。生态环境补偿会计披露的信息不能脱离实际，超越现有的技术和理论，要有价值和意义，企业在披露生态环境信息时必须从中国的实际情况出发，基于现实的生态环境问题和实际需求，同时考虑到现有的技术水平，借鉴国内外已有的先进经验，构建适合我国国情的生态环境信息披露模式和原则。

③ 成本效益原则。生态环境补偿信息披露的最终目的是全面监督和反映企业的生态环境补偿情况，为企业利益相关者提供决策有用信息，为企业的可持续发展作出贡献。如果披露生态环境补偿信息的代价过高，企业披露生态环境补偿信息的积极性会降低。所以，企业在披露生态环境补偿信息时要考虑成本效益原则，在全面有效披露企业生态环境补偿信息的同时，尽可能减少成本，获取最佳的综合收益。

5.3.2 生态环境补偿会计信息披露的内容

生态环境补偿会计信息包括两个方面的内容，一是财务类的生态环境补偿信息（能够用货币衡量）；另一类是非财务类的生态环境补偿信息

（无法用货币衡量）。财务类的生态环境补偿信息的披露是对传统会计中对内外部信息使用者以及利益相关者所做的披露，目的是使他们更好地了解和掌握企业的财务状况和经营成果。同时，不太关心企业的财务指标或财务信息，但十分关心企业环境问题的信息使用者也可以从中了解企业在生态环境保护方面做出的投资以及因控制和改善生态环境而得到的财务收益。

社会公众生态环保意识逐步提高，企业如果仍然利用传统的财务报表对由于生态环境问题引起的财务影响进行披露，就不能满足企业和社会各方更好把握企业财务状况和经营成果的需要，也不便于企业很好地履行其所承担的环境受托责任。利用传统的财务报告去披露、揭示企业与生态环境相关的问题，只能反映一部分能够用货币衡量的生态环境信息，但是生态环境补偿会计的特点决定了有相当一部分生态环境问题不能以货币来衡量，而只能采用某种技术手段去计量，甚至在某些特殊情况下，任何量化都不容易做到。对于这些情况，传统的财务报告无法揭示或有效披露相关信息，此时非财务类生态环境财务信息报告的出现就显得非常必要。即使某些生态环境问题可以货币化，其所形成的财务指标也可能不同于传统的财务会计。因此对非财务类的生态环境信息进行披露，是肯定企业在一段时期对环境、生态的积极保护。故企业对这一部分的生态环境信息进行披露十分必要。

5.4 生态环境补偿会计信息披露的方式

我们知道，传统的会计信息披露是利用会计报表的形式，以数字等形式向现在的企业信息使用者以及利益相关者提供他们感兴趣的财务信息。但是由于生态环境具有特殊性，传统的会计报表无法完全披露相关的生态环境信息，因此，在披露生态环境相关信息时，有必要对生态环境补偿信息进行加工和分类，以便用适合的形式进行披露。综前所述，生态环境补偿信息可以分为财务类生态环境信息和非财务类生态环境信息，前者是指那些与生态环境有关、涉及企业财务状况和经营成果的生态环境活动信息；后者是指那些没有涉及企业财务活动和经营成果的生态环境活动信息。因此，企业需要向利益相关者提供的生态环境补偿会计信息可以分为两个方面：一类是财务类的生态环境信息，一类是非财务类的生态环境信息，主要包括企业的生态环境管理工作，对国家和相关部门法律法规的执行情况，企业在进行生产经营活动时对生态环境造成的污染和破坏以及为保护和改善生态环境所做的贡献等。对上述两类生态环境信息的披露，前者常使用现有的财务报告进行披露，而后者要将生态环境信息分散到信息披露工具中加以揭示或者编制单独的生态环境补偿会计报告。

从生态环境补偿会计的实践来看，包括政府、社会公众等在内的企业利益相关者对生态环境补偿会计的信息越来越重视。但是目前还没有形成统一的生态环境补偿会计信息披露模式。现行的环境会计报告模式主要包括补充报告模式和独立报告模式。补充报告模式是目前用得比较多的模式，主要是在已有的会计报表中的会计要素下增加关于生态会计的科目，例如应收生态款等，或者把关于生态会计的信息直接附在财务报表附注中。这种模式相对于独立报告模式更加简单方便，工作量较小，但是相对应的信息披露也不甚全面，而且在这种模式下生态补偿会计信息略显次要。独立报告模式是单独编制包括生态补偿收入明细表、生态权益表等生态补偿会计报告，突出生态责任与效益的重要性，使相关信息更容易受到重视。但是这种模式工作量更大，适应范围相对于前一种更小，因为少有会计主体能做到这种模式。因此，针对这种情况，可以具体问题具体分析。例如按项目复杂程度分类的话，生态收入、支出这种较为简单的项目可以采用补充报告模式，而对于生态资产、权益等复杂项目运用独立报告模式进行更为详细的披露，提高信息的透明性和会计报告披露程度。还可以按行业污染程度进行分类，对环境、生态污染严重的行业采用独立报告模式，其他轻污染行业采用补充报告模式。

5.4.1 嵌入式列报

将生态环境会计信息融入现行的财务报告体系进行披露，可以更清晰地反映生态环境经济活动的财务状况、经营成果、现金流量，也更清晰地反映经济活动与生态活动的交叉关系，嵌入式披露方式与其他披露方式相比更有优势。具体设计如下。

1. 会计报表主表设计

（1）资产负债表

资产负债表主要有三个变化，一是在“流动资产”栏目中“货币资金”项目下增设“生态款”项目，以及“应收生态款”项目，在“非流动资产”栏目中增设“生态资产”和“累计资源折耗”这两项，并在“生态资产”项目下面分别列示“资源资产”扣除“累计资源折耗”、“生态固定资产”扣除“累计折旧—生态固定资产”、“生态无形资产”扣除“累计摊销—生态无形资产”后的净额。二是在负债栏目中列示“生态负债”“预计生态负债”两个项目，并在“生态负债”这一项目下列示“应付生态补偿费”和“应付生态治理费”两个科目，在“应付职工薪酬”这个项目下添加“特殊环境健康损失费”，在“应交税费”项目下添加“应交资源税”和“应交环保税”，并增加“生态资本”“生态保护基金”“生态留存收益”，在所有者权益中列示，具体如表 5-1 所示。

表 5-1 资产负债表

编制单位： 20××年 12 月 31 日 单位：元

资产	期末余额	期初余额	负债及所有者权益	期末余额	期初余额
流动资产：			流动负债：		
货币资金			短期借款		

续表

资产	期末余额	期初余额	负债及所有者权益	期末余额	期初余额
其中：生态款			生态负债——应付生态补偿费		
			生态负债——应付生态治理费		
以公允价值计量且其变动计入当期损益的金融资产			以公允价值计量且其变动计入当期损益的金融负债		
衍生金融资产			衍生金融负债		
应收票据及应收账款			应付票据及应付账款		
			应付生态款		
应收账款			应付职工薪酬		
应收生态款			特殊环境健康损失费		
预付款项			应交税费		
			其中：应交环保税		
			应交资源税		
应收保费			其他应付款		
应收分保账款			其中：应付利息		
应收分保合同准备金			一年内到期的非流动负债		
其他应收款			其他流动负债		
其中：应收利息			流动负债合计		
应收股利			非流动负债：		
买入返售金融资产			长期借款		
存货			应付债券		
持有待售资产			生态负债		
一年内到期的非流动资产持有待售资产			预计生态负债		
其他流动资产一年内到期的非流动资产			其中：优先股		

续表

资产	期末余额	期初余额	负债及所有者权益	期末余额	期初余额
流动资产合计其他流动资产					
非流动资产流动资产合计			长期应付款		
发放贷款和垫款非流动资产			长期应付职工薪酬		
可供出售金融资产发放贷款和垫款			预计负债		
持有至到期投资可供出售金融资产			递延收益		
长期应收款持有至到期投资			递延所得税负债		
长期股权投资长期应收款			其他非流动负债		
投资性房地产长期股权投资			非流动负债合计		
固定资产投资性房地产			负债合计		
固定资产			所有者权益：		
			股本		
			其中：生态资本		
在建工程			其他权益工具		
生产性生物资产			其中：优先股		
油气资产			资本公积		
无形资产			其他综合收益		
生态资产					
累计资源折耗					
生态固定资产					
生态无形资产					
生态功能资产					

续表

资产	期末余额	期初余额	负债及所有者权益	期末余额	期初余额
资源资产			生态留存收益		
开发支出			生态保护基金		
商誉			盈余公积		
长期待摊费用			未分配利润		
			其中：生态利润		
递延所得税资产			归属于母公司所有者权益合计		
其他非流动资产			少数股东权益		
非流动资产合计			所有者权益合计		
资产总计			负债和所有者权益总计		

（2）利润表

由于现代企业主营业务和其他业务的界限逐渐模糊，普通利润表在列报时已经不会在主营业务收入（成本）和其他业务收入（成本）中作区分。在利润表中列示和其他业务收入与其他业务成本相似的生态收入与生态支出是有必要的，这样可以显示出这部分的收入与支出是受生态环境影响的，也能显示出生态收入（成本）在总体营业收入（成本）中的特殊地位。但是生态环境的外部性使企业的生态保护成果只有一部分可以以经营成果的方式呈现在财务报表中，导致当期生态收入低于当期生态效益，所以现行会计准则下的利润表无法完整反映企业主体当期的生态经营成果。

在“营业收入”中增加“内部生态收入”和“外部生态收入”，增加“生态成本”项目，具体包括“生态预防成本”“生态治理成本”和“生态补偿成本”，在“税金及附加”下增加“资源税”和“环保税”项目，在“管理费用”下明确列示“生态管理费用”，“营业外收入”科目下增加“外部生态收入”列示，这样既将已进入经济系统的生态业绩和尚未进入经济系统的生态业绩相区别，同时也将该部分暂游离于经济系统之外的生态业绩纳入生态经营（保护）主体的经营成果中，如表 5-2 所示。

表 5-2　利润表

编制单位：　　20××年度　　单位：元

项目	本期发生额	上期发生额
一、营业总收入		
其中：主营业务营业收入		
其中：内部生态收入		
其他业务收入		
其中：内部生态收入		
外部生态收入		
利息收入		
已赚保费		
手续费及佣金收入		
二、营业总成本		
其中：营业成本		
其中：主营业务成本		
生态		
其他业务成本		
生态		
生态成本		
其中：生态治理成本		
生态补偿成本		
生态预防成本		
税金及附加		
资源税		
环保税		

续表

项目	本期发生额	上期发生额
销售费用		
管理费用		
其中：生态管理费用		
研发费用		
财务费用		
其中：利息费用		
利息收入		
资产减值损失		
加：其他收益		
投资收益（损失以“－”号填列）		
其中：对联营企业和合营企业的投资收益		
公允价值变动收益（损失以“－”号填列）		
汇兑收益（损失以“－”号填列）		
资产处置收益（损失以“－”号填列）		
三、营业利润（亏损以“－”号填列）		
加：营业外收入		
外部生态收入		
减：营业外支出		
四、利润总额（亏损总额以“－”号填列）		
其中：生态利润		
减：所得税费用		
五、净利润（净亏损以“－”号填列）		
其中：生态净利润		

（3）现金流量表

为了反映生态活动的现金流量情况，应该在现金流量表中增加“与生态相关的经营活动产生的现金流入量”“与生态相关的投资活动产生的现金流入量”“与生态相关的筹资活动产生的现金流入量”“与生态相关的经营活动产生的现金流出量”“与生态相关的投资活动产生的现金流出量”“与生态相关的筹资活动产生的现金流出量”六个事项，如表 5-3 所示。

表 5-3 现金流量表

编制单位： 20××年度 单位：元

项目	本期发生额	上期发生额
一、经营活动产生的现金流量：		
销售商品、提供劳务收到的现金		
收到的税费返还		
收到其他与经营活动有关的现金		
与生态相关的经营活动产生的现金流入量		
其中：回收废物以及加工废弃物获得的收入		
销售资源产品获得的收入		
经营活动现金流入小计		
购买商品、接受劳务支付的现金		
支付给职工以及为职工支付的现金		
支付的各项税费		
与生态相关的经营活动产生的现金流出量		
其中：维持周边生态系统支付的治理费		
赔偿周边居民健康损失费		
支付员工的健康损失费		

续表

项目	本期发生额	上期发生额
支付的环保税		
加工资源产品支付的现金		
加工废弃物支付的现金		
支付其他与经营活动有关的现金		
经营活动现金流出小计		
经营活动产生的现金流量净额		
二、投资活动产生的现金流量:		
收回投资收到的现金		
取得投资收益收到的现金		
处置固定资产、无形资产和其他长期资产收回的现金净额		
与生态相关的投资活动产生的现金流入量		
其中:建立生态休憩场所获得的收入		
收到其他与投资活动有关的现金		
投资活动现金流入小计		
购建固定资产、无形资产和其他长期资产支付的现金		
投资支付的现金		
支付其他与投资活动有关的现金		

续表

项目	本期发生额	上期发生额
与生态相关的投资活动产生的现金流出量		
其中：购买相关生态资产的支出		
投资活动现金流出小计		
投资活动产生的现金流量净额		
三、筹资活动产生的现金流量:		
吸收投资收到的现金		
其中：子公司吸收少数股东投资收到的现金		
取得借款收到的现金		
发行债券收到的现金		
收到其他与筹资活动有关的现金		
与生态相关的筹资活动产生的现金流入量		
其中:收到国家或其他单位投入与生态活动相关的现金		
筹资活动现金流入小计		
偿还债务支付的现金		
分配股利、利润或偿付利息支付的现金		
其中：子公司支付给少数股东的股利、利润		

续表

项目	本期发生额	上期发生额
支付其他与筹资活动有关的现金		
筹资活动现金流出小计		
筹资活动产生的现金流量净额		
四、汇率变动对现金及现金等价物的影响		
五、现金及现金等价物净增加额		
加：期初现金及现金等价物余额		
六、期末现金及现金等价物余额		

5.4.2 独立报告

集中披露会计环境信息的独立报告使会计信息使用者能够更加全面细致地了解企业生态环境的责任、义务的履行情况和环境权益、资产的价值，更好地体现信息的直接性和完整性。但是现行的企业会计制度不够完善，提高了独立报告信息披露的复杂性和困难度。本文设计了生态资产负债表和生态利润表两个报表，以具体呈现独立报告的特点。

1. 生态资产负债表设计

生态权益作为生态环境补偿会计的核心部分，必然会随着相应运行机制的完善而不断扩大，成为一项极其重要的社会权益。生态流动资产、生态基金长期投资、生态资产和外部性资产组成了生态资产体系。而生态权益、生态资产以及生态负债则成为生态资产负债表的基础，与“资产 = 负债+所有者权益”相似，有了“生态资产 = 生态负债+生态权益”的等式。生态资产负债表符合会计的确认和计量要求，如表 5-4 所示。

表 5-4 资产负债表

编制单位： 20××年 12 月 31 日 单位：元

资产	年初余额	期末余额	负债和权益	年初余额	期末余额
流动资产：			流动负债		
生态流动资产			生态流动负债：		
生态补偿资金			应付生态补偿资金		
应收生态补偿资金			应交生态税		
其他生态流动资产			其他生态流动负债		
流动资产合计			生态补偿流动负债合计		
非流动资产：			非流动负债：		
生态型固定资产			应交生态补偿费		
生态固定资产			应交资源环境修复费		
减值准备			应付生态债券		
无形资产			生态非流动负债合计		
生态长期投资			生态权益：		
生态生物资产			生态基金		
其他生态资产			直接生态权益		
外部性资产			间接生态权益		
生态非流的资产合计			生态权益合计		
资产总计			生态负债及生态权益总计		

2. 生态利润表设计

生态利润表是按照“生态补偿利润 = 生态收入 − 生态成本”的等式来设计的，生态总收入是企业的一项重要收入，包括与生态活动有关的所有收入，主要由内部生态收入、外部生态收入与其他生态收入等组成。生态成本由生态治理成本、生态补偿成本、生态预防成本和其他生态成本等构成。生态补偿利润总额等于生态补偿利润加公允社会效益损益、生态补贴收入和生态营运收入减去生态运营支出，如表 5-5 所示。

表 5-5 利润表

编制单位： 20××年度 ××月 单位：元

项目	本月数	本年累计数
一、生态总收入		
内部生态收入		
外部生态收入		
其他生态收入		
二、生态成本		
生态治理成本		
生态补偿成本		
生态预防成本		
其他生态成本		
生态成本合计		
三、生态补偿利润		
加：公允社会效益损益		
生态补贴收入		
生态运营收入		
减：生态运营支出		
四、生态补偿利润总额		

本研究认为，应该在现有会计报表的基础上，添加与环境保护和生态保护相关的科目，并披露一些重要事项，以增加财务报表使用者对企业相关信息的了解。

第 6 章
生态管理会计：管理决策的视角

6.1 环境管理会计：生态管理会计发展的基础

6.1.1 从国外环境管理会计的定义看生态管理会计的发展

1999 年，环境管理会计（Environmental Management Accounting，EMA）的概念由联合国专家工作组与 30 多个国家的管理部门、组织首次提出。20 世纪 90 年代以来，可持续发展理论逐渐成熟，企业决策中涉及环境因素的理论也逐渐受到人们的重视。在联合国的引导下，世界各国的环境管理部门逐渐开始强调在企业的日常管理与合作中加强预防性环境管理手段的完善。

随着环境管理会计研究的拓展，环境管理会计的定义也日趋丰富，其中，具有代表性的有：

① 国际会计师联合会（International Federation of Accountants，IFAC）认为，“在对环境与企业财务绩效的管理过程中设计和运用恰当的有关环境的会计制度”就是环境管理会计。

② 联合国会计专家组认为环境管理会计是“为了逢迎企业组织内部经济决策和环境决策的需要，以及物流信息（如物料、水、能源）、成本信息和其他资金信息的确认、收集和估算，编制内部报告和决策使用”。

③ 美国环保局是把环境会计看作管理会计的一个分支，认为环境会计是为了使企业管理层作出更好的经济、业务决策以及业绩评价而存在的。

④ 加拿大管理会计师协会觉得要在企业决策的过程中确认环境成本，报告结论，传递信息给内外部企业利益相关者。[①]

⑤《国际环境管理会计指南》将环境管理会计定义为识别、收集和分析与内部环境决策有关的能源、水和各种材料的使用、处理的物理信息以及有关环境成本和收益的货币信息的会计。

⑥ 环境管理会计专家 Bennett 对环境管理会计下的定义为："为了提高企业的环境、经济绩效以及实现企业经营的可持续发展，需要环境会计利用有关的财务、非财务（环境）信息为企业的内部管理提供系统的、理论的基础。"[②]

虽然以上几种关于环境管理会计的概念有所不同，但是对于企业的管理决策离不开环境管理会计提供的财务信息和非财务信息这一认识是相同的。

20 世纪 80 年代以来，管理会计发展迅速，而环境会计也在管理会计的日益完善中逐渐发展起来。环境管理会计是在环境问题对企业的持续经营产生重要影响的背景下，与环境管理融合而形成的一个交叉学科。为了完善管理会计学科体系、深入研究环境管理会计理论，需要对其进行理论框架的科学构建与实践方法的系统探索。

在绝大多数情况下，环境管理会计是作为环境会计的一部分来研究的，因此了解什么是环境管理会计之前，首先要明确环境管理会计与环境会计之间的关系。

---

① Society of Management Accountants of Canada. Tools and Techniques of Environmental Accounting for Business Decisions[M]. The Society of Management Accountants of Canada, Hamilton, Ontario，1996.

② Bennett M, James P. The Green Bottom Line: Environmental Accounting for Management Current Practice and Future Trends[M]. Green leaf Publishing，2017.

在环境会计的整个结构中，涉及环境管理学、会计学、可持续发展学等多个学科的宏观、微观理论知识。环境会计在新的环境中可以解决环境管理的学科问题。美国环境保护署认为根据不同的标准，环境会计可以分成不同的种类。比如按照核算、计量对象的不同，环境会计可以从管理、宏观、财务三方面进行分类。环境会计不同层次的比较如表 6-1 所示。

表 6-1 三个层次的环境会计比较

层次	种类	对象	目标	内容及用途
宏观	国民收入会计	国家	外部	为了使统计的信息更具实用性和真实性，将关于环境的各项因素换算成具体的实物单位来计量自然资源的消耗
微观	生态财务会计	公司	外部	为了给内外部会计信息的使用者提供更准确的可能影响其经济决策的信息，将关于环境的责任和成本财务具象化
	生态管理会计	公司、部门、生产线等	内部	对企业与环境有关系的项目、计划凭借在财务指标中显现出的有关环境成本、生产状况等数据进行更具体的评估与管理。凡是企业管理所面临的问题与环境会计有关，环境管理会计都可以进行相应的研究分析，并通过计算分析找出解决的办法

无论在理论方面还是实践方面，目前对环境管理会计的认识都还不够系统和完善。把现有的文献及解释综合起来，我们发现环境管理会计与环境之间的关联有财务性的也有非财务性的。这些都与企业的管理活动相关。管理层对相关信息的运用，能够对企业的经济决策起到积极作用。环境管理会计在很多方面与传统意义上的管理会计较为相似。两者主要的不同点在于环境管理会计为适应企业可持续发展的目标要求，对传统管理会计进行了改善和拓宽，充分考虑环境因素实现经济效益与环

境效益的统一，可以为企业提供更加完整、客观且准确的信息。

由此，环境管理会计除了重视与环境有关的成本之外，还强调企业的内部成本。可以通过实务材料的量来获取能量流动的信息。其内容可以运用在环境会计中，参与企业内部管理和决策，并且表现在对外的财务、审计报告中。而环境管理会计作为提升企业财务绩效与环境绩效的载体，会持续为企业提供与环境有关的财务信息和非财务信息。

6.1.2 我国环境管理会计的发展

1. 关于环境管理会计的认识研究

王燕祥（2000）[①]为环境管理会计中关于环境成本和环境收益的部分做了一个基础的分类框架，里面对环境成本和收益进行了详细的概念性介绍，还阐述了整个环境管理会计的内涵，为相关研究的进一步发展奠定了坚实的基础。

胡剑剑（2008）[②]借助3R基本原则，即减量化（Reducing）再利用（Reusing）再循环（Recycling），以我国努力推进循环经济的国情为背景，对我国现阶段的企业、组织环境管理会计的发展进行分析，先揭示了循环经济理论对传统企业管理会计的影响，进而对环境管理会计与传统管理会计进行了比较分析，主要突出了两者在内涵、特点和方法运用上的区别与矛盾。

颉茂华等（2010）[③]针对我国目前关于环境管理会计整体理论体系研究不完善的情况，首次尝试构建更具整体性、联系性、逻辑性、层次性和动态性特征的环境管理会计理论研究框架，并在此基础上更为细致

① 王燕祥. 环境管理会计中的成本与收益[J]. 北方工业大学学报，2000（2）：23-26.

② 胡剑剑. 基于循环经济的企业环境会计对传统管理会计的冲击[J]. 企业家天地，2008（1）：123-124.

③ 颉茂华，王珉，刘向伟. 环境管理会计理论框架体系构建[J]. 财会通讯，2010（1）：26-29.

地分析了环境管理会计各要素之间的逻辑关系。

孟岩等（2015）①指出，在信息不对称的情况下，环境管理会计的发展推力成反比变化。在一定的研究背景下，环境管理会计的事件高度不仅仅只停留在技术层面，还会向战略层面转变；而环境管理会计的重心也将从偏向政府层面转向偏向企业层面。最后，在大数据的时代发展下，环境管理会计的信息处理方式也将迎来新一度变革，提升运行效率。这是时代背景下环境会计理论和方法的发展变化。

2. 关于环境管理会计的方法研究

郭晓梅（2001）②在《环境管理会计研究——将环境因素纳入管理决策中》中探讨了环境管理会计的具体实施内容与方法，借助案例分析了环境投资评估的方法、环境成本的确认方法、环境成本的分配方法以及环境业绩的评价方法。指出为了实现经济目标和生态目标的共赢，环境管理会计应服务于企业经营决策和环境管理决策。

朱靖（2014）③认为为了推动环境会计的实践发展，必然要引入生态效率的计量方法。在对环境管理会计与生态经济效率的联系进行研究之后，发现企业环境管理会计要实现跨级发展必然要进行生态经济效率管理，并根据其间的联系构建生态经济效率指标系统。

张友棠等（2015）④在对某钢铁企业进行实证分析的过程中创新了企业环境成本和环境绩效的计量模式，借助了物质流平衡方程在企业产品生产过程中的应用，验证了创新模式的可行性。

肖序和熊菲（2015）⑤对环境会计的研究主要倾向理论方面。在研

---

① 孟岩，周航，刘沓．大数据时代环境管理会计发展探究[J]．财会通讯，2015（7）：5-7．

② 郭晓梅．环境管理会计——将环境因素纳入管理决策中[D]．厦门：厦门大学，2001．

③ 朱靖．环境管理会计与生态经济效率计量[J]．财会月刊，2014（4）：12-14．

④ 张友棠，刘帅，DON STENAY．中国环境管理会计的环境成本与环境绩效计量模式新探[J]．财会月刊，2015（5）：3-7．

⑤ 肖序，熊菲．环境管理会计的 PDCA 循环研究[J]．会计研究，2015(4)：62-69．

究过程中运用了 PDCA 模式，即计划（Plan）执行（Do）检查（Check）处理（Act），针对企业产品质量的改善目标，首先进行调查，分析市场情况，做出初步的计划；其次是执行针对调查做出的计划；在计划实施之后，对上一阶段进行详细的检查，测算是否符合部门预期；最后得到成功的经验并推广。这个流程结束之后必然还会留下许多未处理或者无法处理的问题，要进入下一个循环阶段继续处理相应的问题。在不同环节中的不同问题通常都涉及成本以及流程分析，会运用到专门的方法，例如“物质流——价值流”法。肖序和熊菲的方法研究主要是致力于在这个过程中给予企业持续发展的方向。

3. 关于环境管理会计的应用研究

郭晓梅（2004）[①]认为，受现代社会经济发展需求牵引，传统的管理会计开始显示其不适用性。企业不应再受到限制，而应将环境管理会计纳入其未来的管理方法。此外，郭晓梅认为，在环境管理会计中考虑财务和实物措施是必要和可行的，能够为实现公司的可持续经营目标提供更全面的信息支持，并为其提供理论和实践基础。

冯巧根（2011）[②]结合我国政府关于环境的一些政策文件，在纸业公司的案例中详细分析了其环境会计管理。并在流程、成本研究之后建立了新的相关框架。根据国际研究的相关结果，建议我国企业环境成本管理的实施应充分考虑当地情况，建立健全的信息和数据系统。

翟登峰（2013）[③]深入地分析了管理与会计之间的关系，认为环境风险管理和环境会计实施的环境管理是一项重要的企业环境风险管理和分析。在此基础上，试图建立一个系统的环境管理会计风险监管，包括六个方面：公司健全的内部环境，对环境风险的应对，环境信息的充分传播，

① 郭晓梅. 环境管理会计简论[J]. 财会通讯，2004（13）：61-62.

② 冯巧根. 从 KD 纸业公司看企业环境成本管理[J]. 会计研究，2011（10）：88-95.

③ 翟登峰. 环境管理会计体系构建新视角——基于风险导向型角度分析[J]. 经济研究导刊，2013（29）：207-208.

环境风险管理的控制，环境风险的识别和评估，环境风险管理绩效的评估。

4. 关于环境管理会计国外借鉴研究

肖序和周志方（2005）①认为《国际环境管理会计准则》具有以下特点：以企业资源流量模型为构架基础；揭露了影响环境的各个因素的有机联系；成功结合了很多案例。通过这些评价和介绍，学者们开始研究我国环境管理会计准则的建设。

邓明君和罗文兵（2010）②以《物质流成本会计指南》为研究对象，把环境管理会计融入企业产品生产的各个环节当中，并在各个环节中逐一进行详细的核算，得出了对于我国环境管理会计的启示：材料流动成本会计的引入是我国环境管理会计发展的必然趋势；我国应实行物流成本核算，完善相关制度，建设相关平台。

朱靖（2010）③分析了日本多家上市公司在环境管理会计应用中引入生态经济效率计量方法的情况。分析表明，日本上市公司经济生态效率计量与环境管理会计信息的关系在实践中不够完整，经济生态效率信息的使用也不够充分。这些实践中的不足为我国公司环境管理会计的具体实施提供了积极参考。

6.1.3 实施环境管理会计的目的和作用

1. 实施环境管理会计的目的

在可持续发展逐渐成为社会共识的背景下，环境管理会计应运而生。关于企业环境管理会计的应用，以下因素起到了决定性作用。

① 在以往的会计计量中，方法较为传统，缺乏创新，在新型的环境

---

① 肖序，周志方. 环境管理会计国际指南研究的最新进展[J]. 会计研究，2005（9）：80-85.

② 邓明君，罗文兵. 日本环境管理会计研究新进展——物质流成本会计指南内容及其启示[J]. 会计研究，2010（2）：90-94.

③ 朱靖. 环境管理会计中生态经济效率计量应用分析——基于日本企业的实例[J]. 财会通讯，2010（3）：47-50.

会计中适应性相对较弱，很大可能上无法解决环境管理会计中的问题。

② 在传统的会计制度中，由于环境管理会计的发展还不尽完善，所以企业中对环境的成本、费用、效益等没有办法单独核算。一些有关环境保护、生态保护或者环境污染的费用都被计入其他会计科目中。考虑到性质、金额大小等方面的不同，可能会把相关财务信息计入营业外支出、管理成本等会计科目当中。但是真正造成这些花费或奖励的项目并不会被标示出来，所以企业财务报表的使用者、利益相关者对本年度的环境绩效一无所知。这种信息的不对称可能会导致管理者决策失误，造成不可挽回的损失。另外，除了财务指标，一些涉及环境管理会计的非财务指标更不可控，可能会对企业高层的经济、战略决策起到很大影响。

③ 伴随着高科技的发展，拥有绿色形象的企业在竞争中越来越具有优势。评价一个企业的形象不仅仅简单地考虑生产和利润。企业只有适应这种变化才能维护自己的整体形象。

④ 企业的环境绩效逐渐成为企业投资人和债权人决策的影响因素。良好的环境管理会计制度能够提供更相关、更可靠的消息，帮助投资人和债权人更加理性地进行判断，最终能够更大程度地实现社会资源的有效配置。

⑤ 全球很多国家的相关部门都针对环境问题发布了规章，来限制或者规范企业生产对环境保护、生态保护产生的负面影响。伴随着全球范围内生态保护意识的增强，相关条例开始发生改变，从而能更好地解决旧条例无法解决的环境问题。例如，在 1997 年的“国际会计准则第 1 号”财务报表中提到，一部分企业在“四表一注”之外的附表中涉及了有关环境问题的成本、费用支出以及收入等情况，并针对财务数据在下一个会计年度做出计划，调整企业经营的不合理成分。这种创新对企业管理层做出有关环境项目的决策有积极影响，所以准则允许企业的这种做法，并在一定程度上给予支持。此外，一系列与环境保护有关的法规

和政策增加了企业与政府机构之间的活动成本，因此，我们需要使用环境管理会计工具来管理这些成本。

⑥ 企业在实施环境管理会计的同时，可以促进全社会环境的改善，因此，每个企业都有责任为环境的恢复、保护和改善尽自己的一分力量。因此，从社会公德的角度来看，企业也应该实施环境管理会计。

2. 环境管理会计的作用

① 对于决策的制定提供支持作用。为相关投资项目的决策提供更准确、完整的成本效益信息（特别是与环境相关的成本效益信息），对投资决策进行评价，确定项目的可行性。

② 为产品定价提供指导意见。环境管理会计和传统的成本分配方式有所区别，通过提供真实、具体的产品环境成本信息，为产品定价提供指导。

③ 协助改善企业内部控制。通过获取与环境相关的成本以及其他信息，考察企业员工的绩效，进而采取相应的激励或奖罚措施。

④ 改进生产制造工艺。对生产过程中各工序的相关环境成本进行分析，得出各工序的准确运行状态，以便在不降低产品价值的前提下，采用相应的技术或管理手段，使过程中的环境成本最小化，从而实现整个制造过程的优化。

⑤ 塑造企业的绿色形象。企业环境管理会计的实施，可以使企业生产更接近清洁生产，同时开发更多的环保产品，并提供外部环境信息，在公众眼中树立企业绿色形象。除此之外，环境管理会计在生态环境保护方面的积极影响更为重要。在这种情况下，环境管理会计不单有利于企业的生产经营活动，更有利于“绿色生态”建设。在保护生态环境的同时，对企业自身的资源利用效率、知名度等方面产生积极影响，也能潜移默化地解决社会环境现有的问题。环境管理会计对于企业、国家、世界等都有重要的意义。

近年来，国内学者对于管理会计的探究主要集中在实际操作的方法上，忽视了相关概念、理论的探讨，实际的操作方法缺乏理念上的导向，在管理会计核算方法和核算原因上有些模糊。对环境管理会计的概念框架和操作手段的积极考察为弥补这一缺陷提供了机会。环境管理会计应用的首要目的应该是公司各项价值的利益最优化和企业存在的长久化。根据环境会计的目标、优势和理念，选取切实可行、变通性好的方法，实现理论和实践的统一，重视在不同情况下的实践办法的协调一致和集成，绕开关于管理的各种顽固性问题。通常，对物质的生命周期和服务的整体质量采用综合预算法，以便统一协调，使用针对性方法，运用各种成本计算方法，对财务报表中关于环境的部分进行核算和计量。

6.2 生态管理会计概念框架

环境管理会计作为管理会计和生态环境管理相结合而形成的一个新的交叉学科领域，需要在继承、发展和整合两门学科基础理论的基础上，借鉴现代管理会计以及其他相关学科的理论，最终形成自己的理论结构。“管理会计是由一致的管理会计目标、假设、对象、功能和原则组成的概念框架，可以用来解释、评价、指导、发展和改进管理会计实务”[①]。同样，生态管理会计的理论结构也应该由生态管理会计的对象、职能、目标、概念、假设、原则和方法构成，形成一个以目标为中心，具有目的性、层次性、整体性、关联性、适应性和结构性的概念体系。

6.2.1 生态管理会计的目标与假设

1. 生态管理会计目标

环境管理核算的目标是企业希望通过环境管理核算实践实现的目标或状态。它确定了整个环境管理会计制度的运行方向，是环境管理会计

① 李天民. 管理会计研究[M]. 上海：立信会计出版社，1994.

的指导机制。在环境管理核算的理论框架内，环境管理核算的目标是确定环境管理核算的假设、对象、职能和原则的最高层次。环境管理核算目标不仅具有一般行政核算目标的定位性、系统化、时空性和相对稳定性等特点，而且具有特殊的双重性和层次性：双重性既体现在经济目标中，也体现在生态目标中；其层次由三个相互关联和促进的层次组成：最终目标、协调目标和具体目标。

① 最终目标。实现企业价值的可持续最大化是环境会计的最终目标。是现代管理会计最大化企业价值目标与现代环境管理生态环境持续改善目标的整合与创新；是最大限度地提高企业的整体经济、环境和社会效益的最终目标；也是企业实现可持续发展最终责任制的理想情况。

② 协调目标。协调目标是指实现环境管理会计的最终目标与具体目标、环境管理与管理会计、经济效益与环境效益的相互协调，是多层次、多方面的综合协调。

③ 具体目标。具体目标是指企业的执行性目标，具有具体性和多样性的特点。主要包括环境管理目标、环境控制目标、环境责任目标和环境财务目标等。

2. 生态管理会计假设

生态管理会计假设是对确保实现生态管理会计目标的客观经济和技术条件的合理推断。其目的是在空间、时间和计量方面规范生态管理会计对象的范围。考虑到生态管理会计目标和对象的特殊性，以及划分假设和原则的水平，生态管理会计应基于以下五种假设：

① 层次主体假设。在责任范围和权利范围被圈定、会计目标准确的情况下，国家、地区以及企业等不同层次的会计主体的客观要求是有差异的。

② 持续经营假设。假设会计主体的经济运行时间范围是持续性的、完全合理的，一般的环境管理对企业的持续经营是有正向影响的，虽然

有时候环境具有不确定性，可能会导致企业有破产清算的风险，但大概率还是会促进企业的持续经营。而持续经营假设也能使会计的原则、方法具有连续性。

③ 弹性分期假设。因为各管理层对信息的需求存在差异，并受突发性环境事件的影响，企业的会计分期假设要求信息的相互传递更及时，在信息传递的过程中要求会计分期更具弹性。

④ 环境可控假设。生态环境出现问题通常是由可以控制的人为原因以及不可控制的自然原因造成的。环境可控假设是对可以控制的部分进行保护和管理，以减少生态问题。

⑤ 多元计量假设。资源和环境具有多样性、多功能性和非市场性的特点。目前，不可能将所有资源和环境信息统一用货币信息衡量。因此，在计量生态管理信息时，要运用不同属性及表达形式的货币计量、非货币计量假设。

6.2.2 生态管理会计的对象与职能

1. 生态管理会计对象

现代管理会计在现金流量和区别方面定义了环境会计的目标。在很长一段时间里,生态资源的低成本和廉价利用致使公司经济再生产环节、管理项目增加的价值和具体应用的价值的相互制衡，与公司最重要的目的——获取财务价值不一致。所以，在经济运动过程中，不应忽视价值的变动。易廷源教授认为，在理论和实践不统一的情况下，财务会计和管理会计核算的对象产生冲突。在履行管理措施的过程中，生态管理会计所针对的对象集中体现在直接和间接两个方面。

① 直接对象。直接对象是物化环境管理的对象，具有准确性、标准化、确定性、可操作性和可测量性的特点。

② 间接对象。企业管理应该从物质向人本发展，从科学管理向艺术管理发展。而在发展过程中，需要利用人的行为等间接对象，遵循人本

性、灵活性等特点，解决存在的环境问题，并在这个过程中进行理论与实践的同步深化。

2. 生态管理会计职能

在实现生态管理会计的目标、确定企业项目的应用方法时需要运用生态管理会计的不同职能。生态管理会计的职能主要包括：

① 预测。预测是对生态管理会计对象的环境、财务状况方面的测算。

② 决策。决策是根据预测信息和其他相关资料，分析、确定企业项目采购、建设等步骤的最佳计划。

③ 计划。计划是安排企业项目的目标、措施和步骤。

④ 组织。组织是为了实现计划，对企业的生态环境保护与生态环境管理进行合理的分配与协作、有效调配和使用资源。

⑤ 协调。协调是对生态环境管理中形成的政策、制度、技术以及人文等各种关系进行协调，以提高管理效率，获得更高的效益。

⑥ 监督。监督是对生态环境质量进行的监测检查，对生态环境管理活动进行的监督活动，包括事前监督、事中监督与事后监督。

⑦ 评价与分析。评价与分析是按照各种生态管理会计信息对以往效益和以后发展方向的展望。

6.2.3 生态管理会计的原则

生态管理会计原则主要包括总体性原则和特定性原则。既是理论与实践的桥梁，又是会计人员处理相关环境管理问题时的行动标准。主要包括以下几个原则。

1. 总体原则

总体原则是在各种生态环境管理思想的指导下，在实践中需要贯彻实施的普遍原则。主要包括：

① 系统原则。系统原则要求生态管理会计与其他企业会计、环境管理以及其他外部条件等之间保持整体性、综合性、开放性、动态性、反

馈性与适应性。

② 宏观与微观管理相协调原则。微观与宏观层次的生态环境应该与相关政策法规、发展模式等协调互动。

③ 责任原则。在企业发展过程中，明确项目相关人员的责任分工，给予相关人员合理的职位匹配，在其犯错时及时惩罚，进步时进行相应奖励，做到责任与职位、权限的匹配，是有效管理企业人的关键。

④ 效益原则。企业取得的效益必须与微观经济、宏观经济、环境和社会效益保持一致，并确保这些效益的持续发展。

⑤ 人本原则。生态管理会计工作应基于员工是企业主体、员工参与是有效管理的重要因素、为人民服务是管理的根本目的等思想。不应该进行单方面的物化生态环境管理。

2. 具体原则

具体原则是在总体原则的基础上，进行生态管理会计实务的具体原则。主要涉及以下几个原则：

① 相关性原则。相关性原则是指生态管理会计应提供对企业管理和环境保护部门等利益相关者的决策有用的财务信息和非财务信息。

② 客观性原则。客观性原则是指生态管理会计提供的分析过去、控制现在和计划未来的信息应该客观可靠，并具有决策参考价值。

③ 可比性原则。可比性原则是指在进行生态管理决策时，应充分考虑资金的时间价值和项目的风险程度，使同一会计主体的决策方案可以进行相互比较，但不必在不同会计主体之间进行比较。

④ 例外原则。从生态环境管理的地域性、全面性、社会性等特点出发，重要的、特殊的、新的环境问题应以偶然性的方式加以处理，既要兼顾原则，又要有分析具体问题的灵活性。

⑤ 成本效益原则。生态管理会计应该实现的成本信息的通用约束条款不超过所产生的效益。

6.3 生态管理会计的方法

6.3.1 环境管理会计的方法

环境管理会计在运用过程中，往往会受到其他相关学科的影响，有时会在其他学科的研究工具和方法影响下形成新的企业管理会计的方法。但是，以往的环境管理会计方法在应用程序里必须针对环境的改变进行详细分析。环境管理会计账户的使用方法是基于环境管理账户的概念框架，模仿有联系的核算方法和管理方法，从环境管理会计的实际应用中总结出来的各种使用方法。

1. 环境成本计算与管理方法

美国环保局（Environmental Protection Agency，EPA）将环境成本分为四大类：传统成本、隐性成本、或有成本和形象相关成本。而环境管理会计的基础方法则包括成本计量、分配和管理。其中，形象成本属于外部环境成本。传统成本、隐性成本和或有成本属于内部环境成本。近年来，企业几乎没有办法将环境成本内部化，大多数企业只能将内部环境成本的一部分确认为制造费用、管理费用或非经营费用，在不同项目中得以体现。可以使用以下方法来实现环境成本的合理内部化。

① 作业成本法（ABC）。作业成本法的概念是在 20 世纪 30 年代末 40 年代初引入的，但当时没有被大范围接受，有所发展后才被广泛使用。这是一种通过计算业务活动的成本并跟踪反映所有活动来评价活动结果和产品消耗的办法。在以往的会计中，包含在产品成本中的环境成本按照一定的标准分配给成本承担者，并成为企业产品的制造成本，由产成品分担相关费用。分配的后果通常可能歪曲环境成本信息并导致管理层错误的决定。流程成本计算能够弥补这一问题所造成的不利影响。根据成本以及付款人之间的前后联系，可以选择关键的流程中心。那部分环境成本是为增加成本核算的真实性、鉴定和减少贬值活动、扩大增值活动以及提供对业务有用的决策而完成的项目。

② 完全成本法（Full Cost Method，FCM）。在环境管理会计中，完全成本法是一种考虑与企业的经营、产品和服务对环境的影响有关的内外部环境成本的方法，其特点是对内外部环境成本考虑得比较全面。

运用总成本法的时候，内部环境成本一般能够通过作业成本法，根据成本动因分摊到每一个成本对象上。大部分外部成本应该通过环境影响评估方法进行核算，之后按照成本驱动因素分摊到成本的核算对象上。环境影响评价的方法主要有剂量反应法、生产函数法等，可以按照不同情况的外部费用进行慎重选择。

从长远来看，为了使企业管理者能够清楚地了解企业当前和未来生产经营活动的成本，需要采用可以为公司发展战略提供完整成本信息库的完全成本法。短期内，它可以为企业的生产经营和产品定价提供相应的成本信息依据。

③ 产品生命周期成本法（LCC）。产品生命周期分析是在 20 世纪 60 年代末 70 年代初提出的。产品生命周期成本法就是从整体出发，对产品生命周期的每个部分进行了解以及做出判断的一种解决问题的办法。该方法在改善产品性能和生态环境的同时，根据对产成品的了解和判断，得到产品的整体情况或运行信息；需要核算和量化产品以及服务从生产到售出整个过程的全部相关环境成本，考虑生态角度对公司整个生产链条、财务链条的反映，挑出活动整合的科学基础。产品生命周期成本核算方法有利于公司实现一体化的、非短期性的生产经营活动。最重要的是，这个方法能够增加成本核算的整体范围。但因为所要求的相关信息的质和量有不同的要求，其真实性很大程度上没有办法得到确认。在公司应用中，可以选择对主要的生产经营环节考虑和核算全部生命周期的成本。

④ 全面质量成本法（Total Quality Control，TQC），又叫总质量成本法，是以顾客对产品或服务的环保要求为基础，将产品或服务造成的环境污染和生态破坏视为质量缺陷，并以“零缺陷”为最终目标的会计方法。环境质量的总成本包括预防成本、识别成本、内部故障成本和外部

故障成本，以确保符合环境标准（满足法律标准或超过客户适宜性的法律标准）。企业应根据这四种环境质量成本类型建立环境质量成本模型，通过提高环境预防、识别和故障处理技术来适应环境，保护市场，从而使环境质量总成本最小化。

2. 环境预测与决策方法

预测方法是基于过去和现在的环境和经济信息，对环境经济的未来状况进行科学的推测，是决策的基础和前提。预测方法可分为两类：

① 环境状况预测方法。环境状况预测方法是利用回归预测方法、马尔可夫链预测方法、灰色系统预测法以及其他专业的环境预测方法，对企业环境污染趋势、生产经营环节对环境的影响、环境政策以及环境保护技术等发展进行预测，为环境管理提供非财务信息。

② 环境财务预测方法。环境财务预测方法是根据环境条件提供的基于非财务信息的预测，根据市场条件和管理要求，将影响环境的因素纳入财务预测，如销售额预测、资金和利润预测、趋势分析等，进行原因分析和调查分析、判断，主要是为环境管理提供需要的财务信息。

决策方法是根据预测提供的有关环境影响的财务和非财务信息，综合考虑风险程度和时间长短等因素，做出生产决策、定价决策、经营决策、融资决策和投资决策。其中，环境投资决策对企业具有长期的重要影响。目前，大多数企业在长期投资决策时只考虑一些容易用货币来衡量的内部环境成本和内部环境效益的影响，如环保成本和环境效益等，而忽略了环境法规、顾客对环境保护的满意度、环境保护等影响企业的环境保护形象和外部环境成本和效益的因素，使新的环境管理法规、环境管理方法出现。企业可以采用完全成本法计算内部和外部的环境成本，采用作业成本法根据成本动因对投资项目的环境成本进行分配，采用产品生命周期成本法确定整个投资项目的时间范围，采用合理的折现率与风险系数进行计算，综合环境确定最优投资决策方案。

3. 环境计划与控制方法

计划方法的选择基于环境管理决策的目标，如建立灵活的预算、从零开始的预算、滚动预算和概率预算等。主要包括：

① 业务预算。在销售预算、制造费用预算、生产成本预算、经营与管理费用预算等环节中，要考虑环境政策、环保技术、环保市场等因素，将环境成本与环境效益予以量化，并列入这些预算之中。

② 财务预算。现金预算应包括预期利润表和预测资产负债表、环境保护资金预算、环境支出和收益预算、环境资产和负债预算等。

③ 专项预算。专项预算是为某些重要或特殊的环境管理决定而专门编制的预算，例如购买环境设备的资本预算等。

控制方法是为确保计划的成功实施而采用的各种审计和控制方法。主要包括：

① 制造成本控制。归类为制造成本的环境成本应包括在标准化成本控制系统中，以便建立标准环境成本并计算、分析和解决环境成本差异。

② 质量成本控制。在应对相关成本进行事前、事中、事后控制的基础上，都有必要控制环境保护成本、环境检查成本、内部和外部环境损失，并建立环境质量的最优成本模型以及产品质量的整体成本模型。

③ 存货控制。根据企业的环保需求、市场形势和环保政策，确定绿色材料的经济订单量和绿色产品的经济订货量并进行排序，通过 ABC 法分析、控制环保库存的重要性。

4. 环境业绩评价方法

环境绩效评估的目的是支持战略决策，控制生产和运营，并评估员工。各公司应根据重要性、可比性和综合性的原则，结合自身的战略目标、业务特点和组织结构，建立一套综合财务和非财务指标的环境绩效评价指标体系。通常，环境绩效指标应该根据环境标准指标国际标准化组织（International Organization for Standardization，ISO）（14000系列）和中国强制性产品认证（China Compulsory Certification，3C），结合公司的实际情况，集成平衡计分卡（Balanced Score Card，BSC）的四个方面：财务、客户、内部业务流程、学习和成长。考虑到对财务和非财务业绩的评价，环境表现指标通常应包括三类：

① 环境指标。主要量化各类环境保护法规的遵守和违反情况，包括各类污染的超标、违反环境保护法规的次数（发生率）、环保部门的罚款等，政府环境保护奖励次数、环境评估或审计等指标应嵌入平衡计分卡财务内部业务流程。

② 环境管理效率和效益指标。主要量化环境管理实施和控制的效率以及产生的经济效益、环境效益和社会效益，包括环保产品的合格量（率）、材料和能源的节约量（率）、废品的回收量（率）、产品寿命的延长期（比率）和员工环保培训的次数（比率）。这些指标应该嵌入平衡计分卡的金融、客户、学习和增长中。

③ 综合绩效指标。由于环境绩效与财务绩效、市场绩效密切相关，因此有必要将环境绩效指标与相关财务绩效指标、非财务绩效指标相结合，构建综合绩效评价指标，包括环保产品增长率与利润增长率之比、环保法规违法率与销售额之比、废弃物回收率与顾客回头率之比、废弃物回收率与利润增长率之比、环保法规违法率与销售量之比、废弃物回收率与顾客回头率之比、环保培训师人数与环保产品合格数量（率）之比。这种指标可以通过在平衡计分卡设置一个综合维度来体现。

6.3.2 生态管理会计的方法

传统的管理会计方法通常可以应用于生态管理会计，不同之处在于使用这些方法必须考虑生态或生态因素。以前核算生态管理会计所用的方法都较为传统。近年来，随着生态管理会计的发展和成熟，其核算方法也越来越完善。由于受到各种学科，比如环境学的理论影响，生态管理会计的核算方法也受到其他相关学科的很大影响。生态管理会计核算方法主要涉及成本和管理两个方面，包括总成本评价、资源投入分析等。

1. 流量成本会计

流量成本会计是由德国商业环境研究所研发的，已经在几十家不同规模和行业的公司进行了尝试，并积累了一些成功的经验。在材料成本核算标准和物料运动两个方面，运用材料成本和物流系统的显示方式，利用原材料和能源降低或减少成本，减少原材料产品和包装，减少材料损失和浪费，促进更广泛的商业决策活动。

为了提高物流的透明度，计算和评估传播效应，交通成本空间将整个过程中的物流成本和价值分为三类：

① 原料价值与成本。基于物流数据和库存，我们可以通过价格形式进行评估，并通过确定哪些物流与成本相关来确定原材料成本。

② 系统价值与成本。系统成本是与非系统成本相对应的在企业产品内部流转过程中产生的成本。在产品转移流程中，系统成本会产生相应的价值。

③ 传递及处理成本。转移和处置成本是指支付给第三方的企业材料处置成本，包括产品运输成本和废弃物处置成本。具体如图 6-1 所示。

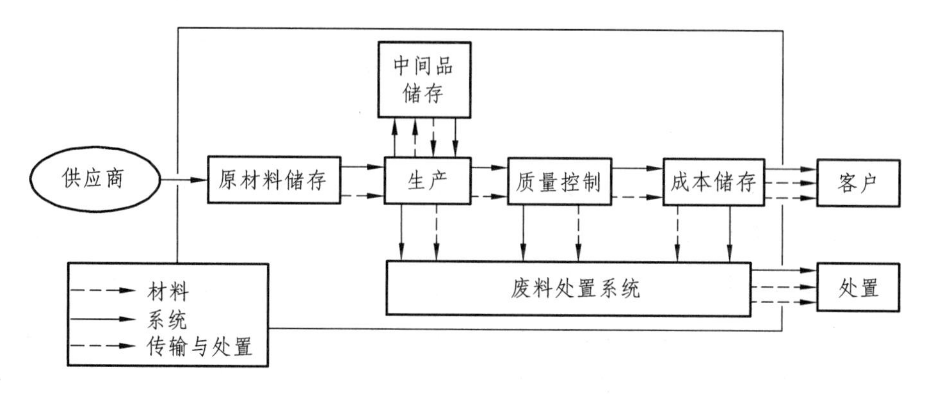

图 6-1 流量成本会计

2. 投入/产出分析

投入/产出分析起初被运用于国民经济分析上。投入/产出分析可以全面揭示系统中各组成部分的有效性，找出过程的总效率，使更多的物质和能量在系统中得到尽可能地重用和回收，而不是直接、简单地通过系统。因为生态管理核算中既有货币单位，也有实物单位，因此投入/产出分析在生态环境管理中的应用，可以通过分析投入和产出更好地评估生态环境对产品设计、生产过程和市场服务的影响。例如，采购的投入是100%，产出必须与之平衡。产出包括生产、销售和储存的产品以及废物。物质是用有形单位来衡量的，包括能量和水。在流程结束时，物流可以用货币单位表示。流程有助于跟踪输入和输出，尤其是废料。它们详细地展示了流程，以便将相关信息分配给主要活动。如图 6-2 所示。

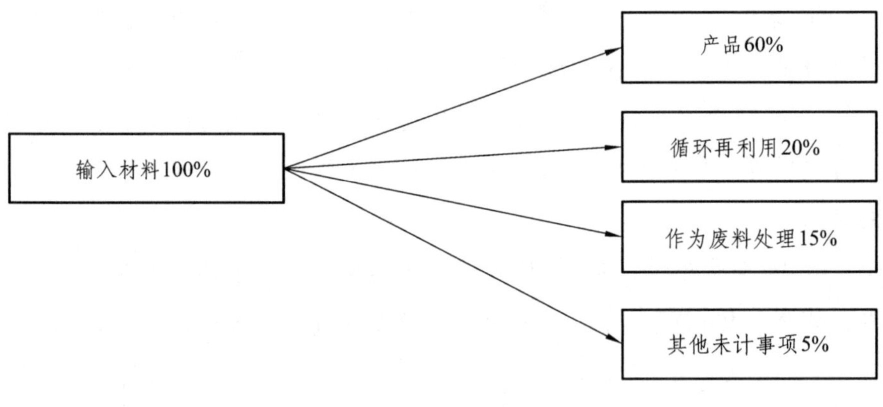

图 6-2　投入/产出分析

3. 资源效率会计

资源效率会计是德国乌珀塔尔研究所作为可持续企业计划的一部分而开发的。兑模型（Resource Event Agent，REA）将生态可持续性指标与经济指标相结合，为决策提供了一个简单而灵活的信息工具。

这种信息处理工具可以用不同的方式量化企业、部门在财务、环境层面的绩效评估。而且在企业产品的整个生命历程中，REA 可以提高企业在生产过程中资源节约的可能性，并在提高企业原材料等资源的利用效率的情况下，兼顾生态和财务指标。只有重视经济和生态两个角度，企业才能取得持续性的成功。

6.4 生态管理会计的成本信息

6.4.1 生态管理会计的成本信息：实物流信息视角

根据企业物质平衡的原则，国际会计师联合会的 EMA(Environmental management accounting)《指南》(以下简称《指南》) 的研究特征之一是根据投入和产出来衡量资源消耗，并反映投入和产出以及各种产出和其他物理数据的转换。《指南》认为，企业组织中所有物料，水、能源和其他物料的输入和输出都是平衡的。因此，企业应努力跟踪这些物料的输入、输出流和库存状态，并根据科学的物料标准对其进行分类，以确保收集环境管理决策所需的物理信息。这是环境成本会计和建立环境绩效指标（Epis）的基础。对于物质流的基本分类，如表 6-2 所示。

表 6-2 输入和输出物质分类

物质输入	产品输出
原材料和辅助材料	产品（含包装物）
包装物材料	副产品（含包装物）
商品材料	非产品输出
管理用材料	固体废弃物
水	有害废弃物
能源	废水、空气污染（含放射性物质、噪音等）

资料来源：IFAC，Guidance document on EMA_final，p.37，2005（8）.

在企业的生产环节中，投入的物料并不仅包括最初形态的原材料，还包括从原材料投入到产品最终形成的过程中需要投入的额外能源。这些能源很可能会对生态、环境产生影响。环境影响理论主要说明的就是与产成品形成有直接关联的、会对环境产生不利影响的污染物的形态。上述物质投入并不包含产品形成过程中涉及企业资产的项目，如企业厂房、生产所需的设备等。

但是，资本资产只是辅助工具，其物理形式没有流动性，也与环境污染没有很直接的关系。生产环节分为产品生产和非产品生产。前者是指生产后离开企业的产品和副产品。后者主要涉及所有类型的废物或污染物排放，包括固体废物、危险废物、废水、废气等。在这种情况下，固体废物通常包括废纸、塑料袋和使用过的材料;危险废物是严重危害环境或人类健康的废物（例如废电池、油漆和溶剂）；废水是含有磷酸盐、有毒溶剂或重金属等物质的水流；废气是受污染的气流，含有氮氧化物、二氧化硫、一氧化碳等危险污染物。

6.4.2 生态管理会计的成本信息：货币流信息视角

根据《指南》，环境管理会计中最重要的货币信息是环境相关成本的信息。虽然国家甚至企业会计机构之间的环境相关的成本分类不同，良好的环境成本分类应建立环境性能和经济效益的效力，而且必须尽可能与国际惯例相统一。为此，《指南》将环境费用分为六个主要类别，如表6-3所示。

表 6-3 环境相关成本分类

相关成本	内容
产品输出包含的资源成本	与企业最终产品形成有关的资源成本，有利于企业实物产品的形成
非产品输出包含的资源成本	在企业生产、服务过程中消耗的不可再次利用的相关能源成本。例如矿产资源、林业资源、水资源等
废弃物和排放物控制成本	与处理排放废气、垃圾等对生态、环境有不利影响的成本费用，也包括对员工因在工作环境产生不适的间接性补偿以及需要支付给相关政府部门的处罚费用等

续表

相关成本	内容
预防性环境管理成本	为防止后续采购、生产等活动产生的可能造成生态、环境污染的成本费用
研发成本	生产、研发生态项目造成的成本。包括相关项目的研究成本、升级改造成本等
不确定性成本	与确定性成本相反的成本。比如隐藏环境负债成本、因生态破坏造成的成本等

资料来源：IFAC，Guidance document on EMA_final，p.42，2005（8）.

企业产品的最终形成通常需要经历研发、生产、销售等几个环节。表 6-3 中关于生态环境的几项成本影响企业产品生产的全过程。

6.5 生态管理会计的应用

6.5.1 成本分析：将生态环境成本因素纳入管理决策

生态管理会计强调对生态和环境成本的准确量化，要求企业在环境保护和经营绩效改善方面共同取得进展。然而，衡量环境成本需要有关标准和规范的指导。

在生态管理会计的实施过程中，可以确定企业对生态环境的影响，量化外部环境的成本。运用此类计算方法可以将企业的外部成本转化为内部成本，并使企业在生产过程中考虑环境成本和管理，在生态管理核算方面具有很大的优势。

在成本量利润分析过程中，传统的管理会计难以考虑到企业的生态环境成本，环境成本也不同于以往其他种类产品的成本，难以准确计量。生态管理会计应在产品成本和利润分析中引入另一个概念——生态补偿成本，这是企业在产品生产之初应支付的成本。

在企业开始进行生态建设时，应该做好生态保护、环境保护在财务方面的估算。在财务报表中设置生态环境的科目，使企业的环保成本及效益能够得到可靠计量。企业做好环境把控，积极承担社会责任、环保责任，就能获得相应的社会效益，提高企业的知名度和社会口碑，有利于企业可持续发展。而增加环保成本、效益的预算可以使企业的支出、收入具体化，影响相关部门、企业的业绩评价，完善企业的综合管理制度。

6.5.2 投资决策：考虑生态环境因素

企业在进行长期决策时，需要考虑项目周期。在进行新产品的投资与开发时，也要把环境因素考虑进去。周期长的项目更要在决定投资时认真考虑，尤其是关于环境项目的投资。因为环境项目受国家法律法规影响较大，一旦污染严重或者消耗严重，就会受到有关部门的关注甚至处罚。这时，实施先进的环境管理体系就显得尤为重要。在加强环保意识的前提下，要想办法减少企业在生产、服务的过程中对环境的负面影响。

企业要在投资决策中充分考虑生态环境因素，评价环境投资项目，要考虑到以下几个方面的情况。

① 考虑收益后扩大企业成本的范围，包括直接和间接的环境成本和非环境成本。环境成本分类还可用于环境成本的确定和量化。

② 关于成本分配，需要对公司的生产过程有精确的了解，这样初始成本才能进入费用项目，并通过适当的成本推导，引导到特定产品的流程和渠道（例如操作成本计算）。

③ 延长项目评估的时间范围，以更好地反映项目的全部成本和收益。只有考虑到时间的财务指标才能更好地反映环保项目的收益。

④ 为了使结果更加真实，反映投资的实际成本或效益，可采用净现值法、内部收益率法、折现回收期等考虑资金时间价值的项目评价指标进行分析。

6.5.3 业绩评价：融入生态环境业绩指标

传统的企业绩效评估系统主要基于财务评估。但是，财务指标是综合指标，其改进受到许多非财务指标（包括环境绩效指标）的限制。许多研究表明，非财务指标在传播公司长期财务业绩的演变方面发挥着重要作用，能够帮助管理人员注意其决定的长期影响。由于企业的可持续经营目标是由经济、环境和社会目标组成的，因此，公司的利益相关者应关注其环保表现,使公司能够通过改善其环保表现来影响其财务表现。要使环境绩效指标体系发挥应有的作用，就必须将其纳入企业绩效综合评价体系中。

企业应建立能够评估其环境业绩的全面制度，将企业的环境业绩与其他财政和非财务性业绩相结合，形成多种组成方式。

加拿大管理会计师协会在 1994 年发布的《管理会计指南》第 31 号"综合绩效指标设计"中指出，不同的企业其成功的方式也不同。现有企业评价业绩的指标主要涉及客户、业务流程、经济、环境保护等。在越来越重视环境保护的当今社会，环境指标也越来越重要。企业有责任保护稀缺资源。企业不应使用普通的、通用的评价体系，而是需要根据各自的需求和特点设计绩效评价体系,并针对环境保护设计一些综合指标。这些指标包括材料处理系数、污染物排放、环境事故数量、环境侵权罚款等。

可持续管理是经济、环境和社会目标的结合。世界可持续商业委员会（World Business Council for Sustainable Development，WBCSD）表明，生态经济效率应该反映可持续发展的业务目标，结合环境和财务指标，以更少的环境影响，实现更大的经济利益，最终促进企业的可持续发展。

早在 1990 年就有学者提出（Schaltegger 和 Sturm，1990）[①]生态经

① Schaltegger S, Sturm A. Ökologische Rationalität: Ansatzpunkte zur Ausgestaltung vonökologieorientierten Management instrumenten[J]. Die Unternehmung, 1990, 44(4): 273-290

济效率的概念，世界可持续发展商业理事会认为企业为了迎合客户需求，改善人类的生活质量，应提高产品的质量以及性价比等指标，提供更有价值的服务，而在这个过程中不应以牺牲环境为代价，要把对生态环境的影响降到最低，提高资源的利用效率，减少资源浪费，提高整个生态环境效率。生态经济效率指数的基本公式是：产品或服务的价值除以环境影响。生态经济效益要求企业实现更大的价值，减少对环境的影响。为此，企业必须引进新技术，开发新产品，减少原材料和能源的消耗，以达到经济价值，减少对环境的负面影响，实现环境目标和财务目标，双赢的局面，最终实现可持续发展。WBCSD 的生态经济效率指数框架包括三类：产品或服务的价值、创建过程中对环境的影响以及使用过程中对环境的影响。各个类别都可分成若干计量内容如表 6-4 所示。为了方便企业根据实际情况建立生态经济效益框架，WBCSD 还将指标分为一般指标和特殊指标。一般指标与全球环境问题或企业价值相关，几乎适用于所有企业。企业已经制定并接受了诸如净销售额和温室气体排放量的度量标准。但是，不同企业的不同产品和生产过程具有不同的环境问题和价值观，因此需要确定特殊的指标。可以根据 ISO14031 标准或上述方法确定此类指标。在 WBCSD 的帮助下，有 22 家公司试点并报告了生态经济效率指标。

表 6-4 生态经济效率指标的类别与计量内容

类别	计量内容
产品或服务的价值	数量、金额和功能
创造产品以及服务的过程中对环境的不良影响	能源消耗、材料消耗、自然资源消耗、除产品以外的其他产出、意外事故
产品以及服务的使用过程中对环境的影响	产品特性包装中产生的废物、能源的消耗、使用或废弃时产生的排放物

通过生态管理会计收集的信息，可对企业的生态环境业绩及财务业绩进行评价。如决策中综合考虑生态环境因素，改进产品设计，能够为企业带来多大的生态环境绩效等。生态管理会计对企业管理进行业绩评价，以促进企业环境管理的自我调整。通过综合考核生态环境业绩，企业实现可持续战略目标，创造长期的价值。

第 7 章
生态环境审计：实施和完善生态补偿机制的重要保障

随着可持续发展理念的深入，生态补偿机制的不断推进和完善，公众对生态环保关注度明显提高，生态环保意识也逐步增强，低碳经济、PM2.5 等话题成为媒体和民众关注的热点。环境因素正成为影响企业运营发展的重要因素。为了企业的长久健康发展，许多企业采取了大量措施，例如购买环保设备、研究发明生态环保专利技术、采用清洁生产技术、对企业生产流程进行生态化布局等，在实现企业经济效益的同时，有力地促进了生态环境的好转。

但是，在理论研究和实务中，人们过多地强调企业在生产经营过程中对环境带来的影响和应承担的社会责任，导致了相当一部分企业某些生态环境行为的异化。有很多学者发现，企业发布相关环境信息是为了避免监督和惩罚，并不是出于企业市场竞争力的考虑（Beets and souther1999[①]；Gorter 2005[②]；Lydenberg 2005[③]），在此种情况下，社会责任论并不能真正约束公司行为，只能促使企业被动地承担少量社会责

① Beets D S, Souther C C. Corporate environmental reports: The need for standards and an environmental assurance service[J]. Accounting Horizons, 1999, (6): 129-145.
② Gorter J D .APPEA Journal (Part2)2005—129[C]//APPEA. 2005.
③ Lydenberg S. D. Corporations and the Public Interest: Guiding the Invisible Hand, 1st Edition (Berrett-Koehler Publishers, San Francisco, CA), 2005.

任或者出于道德考虑向社会做出贡献（温素斌、方苑，2009）[①]。企业的“漂绿”行为将导致生态产权“柠檬市场”的客观存在。为了有效遏制“漂绿”行为，并激励公司加大生态投资，需要采取某些措施来确保生态产权的实现。实施环保行为，采用绿色产品，运用绿色技术为企业带来收益，然后鉴别收益的来源、获得方式、主要内容，以明确企业生态资产的界限，这是保护企业生态产权的基本要求。生态审计包含什么内容、运用的方法是否科学直接影响企业生态产权的保护程度。

7.1 生态环境审计的缘起：环境审计的产生与发展

由于生态环境问题的日益凸显，国家有关部门、企业和社会大众对生态环境越来越重视，环境会计和环境审计由此产生。随着人类社会的持续发展，社会公众越来越关注关于生态环境的理论与实务，在吸取和借鉴国外相关环境审计经验教训的基础上，结合中国自身生态环境的特点，发展有中国特色的环境审计，以此规范企业的生态环境行为，促进生态环境的健康良性发展。

环境审计反映了人们对环境问题的看法，也可以很大程度上规范企业和组织的环境行为。我国环境审计的产生和发展时间相对较短，尚未成熟，还需要继续改进和发展。因此，通过探究国外环境审计的发展历程，借鉴其先进经验，可以为我国环境审计的发展提供一定方向。

7.1.1 国外环境审计的产生和发展历程

国外环境审计的发展分为三个阶段：初始阶段、形成阶段和逐步完善阶段。

第一阶段为 20 世纪 60 年代末至 70 年代（初始阶段）。20 世纪 60 年代以来，随着经济和社会的高速发展，西方许多国家和地区面临的环

① 温素彬. 企业三重绩效的层次变权综合模型——基于可持续发展战略的视角[J]. 会计研究，2007（10）：82-87.

境污染问题日趋严重，人们逐步意识到环境问题已成为社会和经济可持续发展的障碍。为了对环境污染进行有效的管理和控制，一些国家的政府、公众组织和企业等在环境问题上纷纷采取了严格的措施，以保护和改善自然生态环境。环境审计作为环境管理和环境控制的工具在实践和应用中逐渐发展起来。例如，20 世纪 70 年代末期，美国审计总署曾对一个水污染项目进行了专项审计。20 世纪 70 年代初，为了治理本企业已经出现的环境问题，西方发达国家的一些企业自发组织量身制定了一套企业环境保护计划,该计划随即成为企业对内部环境问题治理的工具。70 年代末 80 年代初，美国等国家的企业也开始了环境审计。在政府层面，美国联邦政府在 20 世纪 70 年代制定了基于生态环境审计的超级基金计划，该计划主要用于清理和审计没有所有权的、已经受到污染的土地。

第二阶段为 20 世纪 80 年代至 90 年代（形成阶段）。日益凸显的环境问题促进了环境审计的进一步形成。环境审计已从企业内部扩展到政府一级，并已成为当局管理环境的重要工具，在政府审计中占据重要的地位，并很快成为政府制定和执行环保政策的重要依据。在 20 世纪 80 年代,《综合环境要求、赔偿和义务法案》等环境保护法律由美国联邦政府制定和实施，由于这些法律法规的出台，美国环境问题的审计工作已由美国审计总署部署并执行，对不同环境问题的制裁和补救措施以及环境污染控制办法也应运而生。1989 年，加拿大和英国，主动检查了自己国内的环境污染问题，当时加拿大被誉为环境审计领域的领头羊。同时，一些国际组织已开始致力于促进和发展环境审计。1989 年 6 月，国际商会（International Chamber of Commerce，ICC）举行环境审计会议，使环境审计的概念出现在工业界。同年，环境审计管理声明书发布，该说明书对环境审计的概念、目标、职能、组织和方法等方面都进行了简述。联合国环境署组织编写了《企业清洁生产审计手册》，以指导和促进环境审计。

第三阶段为 20 世纪 90 年代至今（发展和逐步完善阶段）。20 世纪 90 年代，西方各发达国家对有关环境保护与治理的法律法规进行了完善，环境审计体系整体得到加强。1991 年，加拿大率先成立了环境审计师协会（Canadian Environmental Auditing Association，CEAA）。1992 年，最高审计机关国际组织环境审计委员会成立，委员会目前有 46 名成员，成员们的工作职责是制定环境审计准则和相关技术标准等，委员会旨在将各个国家的高级审计机关联合起来进行环境审计工作，从而达到环境审计方面信息沟通和经验交流的目的。1993 年，欧盟各成员国被管理机构要求建立符合本国实情的环境审计体系。1995 年，最高审计机关国际组织第十五届大会在开罗召开，环境审计被确立为此次大会的主题，大会发表的《开罗宣言》提出，国际审计组织鼓励各最高审计机关在履行审计职能时考虑环境问题，这一提议体现出保护和改善环境问题的重要性。为了配合世界各环保组织的工作和服从上级环保组织的安排，国际标准化组织（International Standard Organization，ISO）1992 年成立了环境战略咨询组，1993 年成立了环境管理技术委员会，专门用于对环境管理标准化工作的研究，在研究过程中建立一套环境管理标准体系，并且建立全员职工和相关方的环境管理体系（Environmental Management System，EMS）及环境管理体系审计（Environmental Management System Audit，EMSA）。1996 年 12 月，由国际内部审计师协会在美国召开“全球论坛”。为开拓审计领域涉及范围，1998 年 6 月，生态环境审计被称作迎接 21 世纪的挑战，环境审计学术讨论会在我国厦门召开，该会议由最高审计机关国际组织组织召开，会议研讨了环境审计的概念、范围、目的、主要内容及重点、理论与方法等问题。

迄今为止，已有 20 多个国家进行了环境审计，开展了 1000 多个环境审计项目，极大地促进了环境审计的发展。环境审计已成为公司管理过程中普遍适用的原则，可以使企业的整体运营符合政府制定的环境标准和企业内部的环保政策。欧洲、亚洲以及加拿大和美国的大多数企业都制定了符合自身发展情况的环境审计计划，各国政府也正在从政策引导和税收优惠等方面积极促进本国生态环境审计的发展。

7.1.2 国外环境审计的发展：环境审计定义的视角

目前国内外学术界和实务界对环境审计的概念仍存在不同的表述，本文选取了以下具有代表性的观点。

1995 年，最高审计机关国际组织第十五届大会在开罗召开，在大会发表的《开罗宣言》建立了环境审计的概念框架，《开罗宣言》提出："① 生态环境审计与最高审计机构进行的其他审计活动相比较，相互间是没有本质区别的；② 财务审计，绩效审计和合规审计是环境审计的主要内容；③ 只有当被审计事项的一个主要部分为可持续发展时，才会有国家愿意将可持续发展当作审计的标准，否则可持续发展是不能作为环境审计概念中独立的一部分的。"

国际商会认为，环境审计是一种环境管理工具，它是对与环境相关的组织、管理和设备等进行令人信服和客观的评价，并通过对公司制定环境保护规范的鉴证等手段，从而达到保护环境的目的。[①]

国际内部审计师协会认为，环境审计是环境管理体系中不可或缺的一部分，管理部门可以借此判断组织的环境管理体系是否足以确保组织的业务活动符合相关内部准则和规定的要求。

美国环境保护署认为，环境审计是一种有证据的、系统的、客观的定期检查，这一检查是由法定机构针对有关业务经营及活动中的环境保护要求所进行的。

1992 年，加拿大特许会计师协会发表《环境审计与会计职业界的作用》研究报告，该研究报告将环境审计分为四大类。分别是：① 环境管理系统的评价；② 经营符合性评价；③ 场所的评价；④ 环境咨询服务。

① International Chamber of Commerce.An ICC Guide to Effective Environmental Auditing[M]. Pairs: ICC Publishing, 1991.

除此之外，学者对环境审计的定义也有不同看法。

格兰特·莱杰伍德在《环境审计与企业战略》一书中提出，环境审计是企业战略中至关重要的一部分，因为环境审计既与企业的技术和研发创新能力相关，又贯穿于企业的生产、存储和营销等各个环节。

Rep.weldon 提出三阶段环境审计：首先，由环境审计相关部门检查企业所有不动产，找出危害环境的风险点；如果发现极可能发生污染的情况，便开始对土壤和水源进行测试；然后执行风险评估，或者量化清洁环境的估计成本。在 1993 年之前，大多数美国研究人员认为此三阶段论是最符合美国实际情况的定义。

随着可持续发展越来越受到重视，人们普遍认为经济和社会发展与保护生态环境密不可分。可持续发展审计（Matthew Lloyd，2001）即是将生态环境审计与可持续发展理念结合起来的一种审计观点，它是为了约束和管控企业或组织的环境行为而产生的，随着环境审计不断发展完善，可持续发展审计理念的产生首先意味着人们对第一环境审计的重视程度日益加深，其次也是指导环境审计的哲学观念日益变化的体现，在哲学观念的变化过程中，人们逐渐认识到经济、社会、生态环境发展到一定阶段才会产生企业的生产经营活动，著名经济学家亚当·斯密早年提出了经济人假设，现如今为了顺应可持续发展理念，我们认为人类更应该是生态经济人，生态经济人就应该按照生态经济规律办事，这是对可持续发展企业的基本要求。综上，环境审计不能只满足传统的环境观，还要满足生态观的新要求。

7.1.3 国内环境审计的产生和发展历程

从 20 世纪 70 年代开始，环境和资源相关的问题是中国一直密切关注的焦点，为了保护森林、土地资源和防止空气污染，国家陆续出台了一系列相关法律法规，为环境审计在中国的开展打下了根基。1985 年，审计署首先从广州、兰州、重庆等 20 个城市入手，审查了这些城市排污费的征缴情况和使用情况。

中国第一本有关环境审计的书是1993年发表的《企业清洁生产审计手册》，该书是由联合国环境署协助中国环保局编写而成的。1995年联合国国家清洁生产中心为中国开展了清洁生产审计培训，标志着我国清洁生产审计专项工作的开始。

1997年，我国对环境审计的重视程度加深，着手开展了一系列理论研究工作，环境审计成为中国审计学会该年度重点研究的课题。迄今为止有关环境审计研究的理论成果已经十分丰富，环境审计短时间内仍然是业界研究的热点，备受专家学者青睐。特别是1998年，由审计署编著的关于环境审计实务的丛书——《环境审计》出版，标志着新的环境审计浪潮来临，国内环境审计进入新阶段。1998年，在政府机构改革中，国务院在审计署的机构改革计划中加强了环境审计职能，这是审计机构第一次明确分配了环境审计职能。为此，审计署成立了专门针对环境问题的审计机构——农业与资源环境保护审计司。随后，大约31个省、自治区、直辖市的审计机构也设立了环境审计机构。相关机构的建立是环境审计工作执行的保障，环境审计机构的从业人员已达5 000名以上，专门从事农业和资源环境的审计工作。

在过去的十年中，中国逐渐扩大了环境信息审计的范围。审计署主要开展了环保专项资金审计等工作，评估了工业、农业、渔业和林业等行业对环境的影响因素。如1996年国家土地出让金的审计，1997年对三峡工程库区移民安置资金的审计，1998年的水利资金审计、生态林业建设资金审计，1999年的扶贫资金审计、国债资金在环保项目中使用情况的审计，2000年的全国46个重点城市关于排污费用的征收、管理以及使用情况审计和天然林专项保护资金审计，2001年的退耕还林政策在试点地区的专项资金审计，2002年对北京市医疗垃圾处理情况的审计等，这些审计项目是环保工作的重点和热点，深层次地促进了污染源治理资金管理和环保工作的进行。现阶段各级审计部门已按照地方政府的要求并结合地方自身发展状况开展了类似的环境审计。

但是，总的来说，在中国进行真正意义上环境审计的时间并不长，还处于摸索阶段，仍然存在许多问题。例如，从审计对象来看，中国目前正在进行的环境审计主要集中于清洁生产检查和环保资金利用审计；就审计类型而言，主要执行财务收入和支出的审计，原则上不涉及与绩效审计相关的内容；从审计主体看，在社会审计和内部审计等方面已经完成的工作积累对环境审计的影响作用不足；从审计规范看，环境审计专项法律法规较少。以上问题要放在环境审计的发展和工作中不断改进和克服。

7.1.4 国内环境审计的发展：环境审计定义的视角

1996 年，中国审计研究人员张以宽教授在自己的研究成果中阐述了环境审计的概念，张教授提出，环境审计是指相关审计部门对被审计单位所制定环境保护项目计划的真实性、合法性和有效性，被审计单位的管理活动和执行情况以及法律责任进行评估的审计活动。[①]

黄友仁、林起核（1997）认为："环境审计是由审计组织依法对被审单位在经济活动中产生的环境问题以及与治理环境的经济活动有关的财政、财务收支的真实性、合法性和效益性独立进行审查，评价环境经济责任，揭示违法行为，促进加强环境管理、实现可持续发展的一种经济监督、经济管理、经济评价活动。"[②]

陈思维（1998）认为："环境审计是指审计机关、内部审计机构和注册会计师，对政府和企事业单位的环境管理系统以及经济活动的环境影响进行监督、评价和鉴证，使之积极、有效，得到控制并符合可持续发展的要求的审计活动。"[③]

---

① 张以宽. 论环境审计[J]. 中国审计信息与方法，1997（1）：17-19.
② 黄友仁，林起核. 环境审计初探[J]. 中国内部审计，1997（8）.
③ 陈思维. 环境审计[M]. 北京：经济管理出版社，1998.

陈淑芳和李青（1998）认为："审计机构以法律法规和规章制度为工作基础，工作人员鉴证、评价被审计单位的环保责任履行情况，以督促责任的履行，保护和改善环境，这种促进国民经济可持续发展的监督活动被称为环境审计。"①

包强（1999）认为："环境审计是指国家审计机关、社会审计组织、内部审计机构对环境政策、项目和活动独立进行检查，监督与环境政策、项目和活动有关的财政、财务收支的真实、合法性，并对其经济、效率和效果进行评价、鉴证的行为。"②

吴俊峰和高方露（2000）认为："环境审计的主要内容是财务审计、合法性审计和绩效审计，它是通过检查责任主体的环境报告和环境经营管理活动，监督被审计单位责任的履行，进而评价、鉴证其责任的履行情况，除此之外，还为被审计单位环境审计相关治理问题提供咨询服务，所以说环境审计是针对被审计单位责任履行过程的一种控制活动。"③

陈正兴（2001）认为："环境审计是对被审计单位有关环境的经济活动的真实性的评估和监督，目的为了对已经发生的环境问题消除和改善，是一种满足了被审计单位可持续发展要求的独立的监督行为。"④

许家林、孟凡利（2004）认为："环境审计是为了确保受托环境责任的有效履行，由国家审计机关、内部审计机构和独立审计组织依据环境审计准则对被审计单位受托环境责任履行的公允性、合法性和效益性进行的鉴证。"⑤

刘长翠（2005）认为："环境审计也是社会责任审计中的一个新兴领域，由国家审计机构，内部审计机构和社会审计组织根据相应规定对与

① 陈淑芳，李青．关于环境审计几个问题的探讨[J]．当代财经，1998（9）．

② 包强．论环境审计概念结构[J]．审计与经济研究，1999（4）：15-18.

③ 高方露，吴俊峰．关于环境审计本质内容的研究[J]．贵州财经学院学报，2000（2）：53-56.

④ 陈正兴．环境审计[M]．北京：中国审计出版社，2001.

⑤ 许家林，孟凡利．环境会计[M]．上海：上海财经大学出版社，2004.

环境相关的经济活动的真实性，合规性和效益性进行监督，核查和评估。根据可持续发展的要求，开展与环境有关的经济活动。”①

上述诸位学者对环境审计概念的论述有其不同的倾向，具体表述上的差异包括以下内容：

① 环境审计主体。环境审计主体包括国家、社会和单位内部三个方面的审计组织。但上述部分观点对环境审计主体的表述不够明确，部分概念只涉及了环境审计主体中的一个方面，不够全面，部分学者把三方面的主体进行罗列，不够简洁。

② 环境审计对象。通过审计的方法对被审计单位环境责任的履行情况进行基本了解，这是受托环境责任，同时也是环境审计的对象。有一部分学者把被审计单位的经济活动笼统地称为审计对象，企业经济活动只是企业的行为现象，而审计对象是企业经济活动所需要承担的经济责任，这才是审计对象的实质。

③ 环境审计的本质。有的学者认为环境审计的本质是环境管理系统，有的学者认为其本质是一种管理手段，还有一部分学者称其为环境管理工具，是一种监督和控制活动，有的学者对环境审计的本质只字不提。我们认为，最恰当的表述应该是环境审计是一种监督活动，审计的本质是一种经济监督活动，环境审计从属于审计，是审计整体中的一部分，其本质也应该与审计的本质趋同，所以环境审计的本质也应该是监督活动。与审计不同的是环境审计的监督对象是环境，因此它应该是对环境的监督活动。环境审计活动的关键工作是鉴证经济活动和职能评价，环境审计活动使被审计单位的各项决策在“监督”的范围内进行，可以激发其积极承担环境责任。

④ 环境审计的目的。环境审计的对象是环境责任，从另一角度来说，正是因为环境责任的存在，才有环境审计的必要。所以对被审计单位环

① 刘长翠．企业环境审计研究[M]．北京：中国人民大学出版社，2005.

境责任的履行情况进行考核和评价是环境审计的直接目的。

综上所述，我们可以将环境审计的概念概括如下：环境审计是指审计机构和人员对被审计单位的环境责任履行情况进行评估，确定并联系其受托环境责任，以进行环境审计。

我国学者对环境审计有如下理解：第一，社会环境责任的存在是环境审计的前提；第二，可持续发展是环境审计必须秉持的理念（如包强，1999），但是在实操过程中可借鉴的经验不足；第三，环境审计的目标是对企业环境活动的考核、评价和监督；第四，环境审计理论与实践的发展，加深了人们对人与环境之间关系的理解。

人们对环境审计的定义不仅反映了人们对环境的看法、对人与环境之间关系的理解，而且是环境审计发挥作用的基础。环境问题与企业行为往往密不可分，企业的环境行为很大程度上是企业环境观点的反映。人们对人与环境关联性的体会加深的同时，很多仍持有传统环境观的人们受到诸多的挑战。生态科学和生态经济学的观点日益成为人们思想的主流，这直接关系到企业的环境行为方式，进而影响对环境审计的理解。从注重污染治理到兼顾生态预防和末端治理的企业行为，这也是生态和谐的概念在企业层面的反映，说明生态审计已逐渐成为企业环境审计的发展方向。

7.2 生态环境审计产生的必然性

① 进行环境审计是评估所应承担环境责任的需要。戴维·弗林特教授认为，审计的基础是存在受托的经济责任或公共受托责任环境，这也是审计最重要的先决条件。著名审计师汤姆·李教授提出，人类活动的共同特征就是要求他人对自己的行为负责。显然，这一特征是审计出现的基础。从更深层次来理解，审计可以增强人的责任感和企业的受托责任。因而，受托责任观是审计的基础，审计的目的是保证和促进受托责

任的充分和有效履行。作为审计的一部分，环境审计是基于对环境责任的评估而产生的。20世纪以来，工业社会的迅猛发展和世界人口的迅速增长导致资源的过度消耗，严重破坏了生态平衡，威胁到人类的栖息地。20世纪70年代以后，人类社会可持续发展的四大挑战是资源、人口、环境和发展，环境危机引发了社会责任的扩大，企业需要承担的环境责任也随之增大。政府和社会有了解企业环境责任执行情况的需求，因此需要第三方进行验证。审计作为社会监督体系的关键部分，是承担这一责任的最佳选择。主管部门和社会从审计结果中可以了解到企业应当承担的责任，促使社会公众加入监督企业环境保护的行列中来。

② 进行环境审计适应了企业自身的发展需求。企业的本质是逐利，企业在其经营活动中需要使用资源，并且还可能不断将经营过程中产生的废物倾倒到环境中。企业付出一定的成本来保护环境，造成企业成本增加，违背了公司的本质。但是，随着对环境社会责任的扩大和社会环境意识的提高，公众对企业的环境保护寄予了很高的期望。企业在履行环境责任方面的表现以及是否产生了负面的外部性逐渐成为评估企业在公众心目中形象的重要标准。社会公众对企业责任履行的约束力主要表现在对企业产品的购买倾向上。例如，1991年4月，韩国公众在全国范围内抵制斗山工业集团对环境造成污染的产品，此次运动中包含的超市超过30 000家，它们强烈要求本超市的会员不可以接受斗山集团的产品，即使是广受欢迎的OB啤酒。可以看出，企业必须花费一定的费用来加强环境保护并履行环境责任，但这对企业的长远发展有利。[①]企业建立环境管理体系，认真履行环境责任，也是企业保障自身发展、追求可持续发展的必要条件。环境审计可以通过检查环境管理体系及其在企业中的实施情况来确保企业环境管理体系的运行和实施，从而帮助企业规避环境风险，实现健康发展。此外，近年来“环境壁垒”在国际贸易

① 张志玉. 浅谈环境会计[J]. 商业研究，2004（24）：84-85.

中盛行。所谓的“环境壁垒”，也可以被称为“绿色壁垒”，是指进口国通过限制某些产品的进口来达到保护本国环境的目的。所以说，各国重视环境审计可以避免企业违背国际环境管理体系，有助于企业进出口贸易和国际市场地位的稳固性。

③ 进行环境审计需要对国民净产值和运营成本进行准确核算。从宏观角度来看，很多国家长期以来都把经济增长摆在首位，在单方面追求国民生产总值的过程中也产生了灾难性的后果。如果这种暂时的经济增长造成了巨大的环境污染，损害了人类健康，那么这种模式早晚将被抛弃。从微观的角度来看，企业在衡量产品成本时只考虑“人造成本”，忽略资源、环境成本，以牺牲生态环境为代价来增加利润，不利于企业健康发展。因此，实施环境审计需要对社会和生态资源成本进行全面评估，以准确计算国民净产值和企业的生产成本。

④ 最后，确保环境会计信息可靠性需要执行环境会计。企业既然承担了环境责任，就必须通过环境会计来报告其环境责任履行情况。环境会计采用确认、计量、记录和报告的方式对企业环境活动中的环境资产、负债、收入、环境支出和收益进行反映，给利益相关者提供信息，以便他们做出决策。环境信息的用户可以通过企业提供的环境会计报告了解企业环境责任方面的情况，并做出奖励或罚款、投资决策、信贷决策、产品或服务购买等决策。环境会计信息是了解企业环境责任表现和做出决定的基础，因此必须真实可靠。由于企业的环境信息和信息使用者获得的信息是不对称的，因此企业可能面临道德风险和逆向选择。对环境信息使用者来说，环境审计的本质主要是验证企业在对外公布的信息中披露的环境信息的真实性，从而根据验证结果发表恰当的审计意见。通过检查环境会计信息，环境审计可以发现环境会计信息中的不合法和不公正之处，使被审单位能够积极履行其环境保护责任，严格披露企业的环境信息。

⑤ 要实现可持续发展的目标必须进行环境审计。可持续发展理论是

基于发展与环境之间的利弊关系得出的经验教训，尽管不同学者对“可持续发展”概念的理解有所不同，但还是存在一些共识：一是强调企业或人类的经济行为应该以环境保护作为基础，不能先发展后治理；二是强调现代人要给子孙后代保留同等的经济机会，而不能使子孙后代遭受经济快速发展带来的环境恶化的后果。正如 1996 年的中央计划生育会议明确指出的：“所谓的可持续发展不仅意味着要考虑当前发展的需要，而且还要考虑未来发展的需要，而不是使现代社会感到满意，从而损害子孙后代的利益。”1992 年，中国政府响应世界环境教育与发展大会的呼吁，提出了以实施可持续发展为主导的十项对策，这是中国从传统环境保护转向可持续发展战略的重要里程碑。此后，以本国国情为基础，针对可持续发展的总体战略、对策和行动计划等方面规定，有关部门和地方当局也制定了各自的行动计划。生态平衡和环境保护是环境审计可持续发展的重点工作，对政府与非营利组织的环境责任工作进行评估，可以促使环保工作的顺利实施，保证经济的可持续发展，最终实现人与自然的和谐统一。

7.3 生态审计的内容

7.3.1 早期生态审计的内容：环境审计视角

环境审计的对象是政府、企事业单位的环境责任，检查的内容是具体的环境审计对象，主要包括以下几个方面。

1. 环保政策法规审计

环保政策是指政府制定的各种环境保护的方针和策略；环保法规是指关于环境保护的各种法律、法规和规章制度。环保政策法规审计的内容包括：环保政策和法规是否符合国际环保公约和上一级环保政策、法规；环保政策、法规是否完善、可行；环保政策、法规是否得到贯彻执行。通过环境审计，环境保护政策法规也趋向完善，促进了环保政策法规的贯彻执行。

2. 环保资金审计

环境保护资金主要包括三个方面：一是通过亚洲开发银行、全球环境基金、世界银行以及两国政府合作为中国环境保护项目提供的资金；二是政府拨付的专用于环境保护的专项资金；三是以征收方式获得的环保资金。环境保护资金审计主要调查：①资金是否真正到位；②资金是否专用于环境保护；③资金利用是否合理、注重效益；④是否及时并且足额收取、上交环保费用。环保资金审计的好处在于可以保证资金的使用效率和专项资金的完整性。

3. 环保项目审计

利用政府、世界银行贷款、拨付资金等进行的环境保护投资项目被称为环保项目。环保项目审计主要审查：① 环保项目的基建程序是否合规；② 环保项目是否有效；③ 环保项目决算是否真实、合理；④ 环保项目是否合法；⑤ 环保项目的预算是否合理、可行。

4. 环境治理情况审计

环境治理情况审计主要是对被审计单位环境保护措施和效果的审计，其内容包括：① 是否符合法律法规的规定；② 设备、工程建设项目、产品等是否对环境产生影响；③ 是否具备处理废弃物的设备和条件；④ 废弃物的排放是否符合标准等。环境治理情况审计的优点是可以针对企业的治理措施及时纠正问题、解决问题。

5 环境管理体系审计

企业环境管理系统是企业管理体系的一部分，是监视和管理生产和运营部门产生的环境和生态问题的综合措施，包括由环境管理机构建立的环境政策和制度、环境报告和审计等。其审计内容包括：① 环境管理体系是否建立；② 环境管理体系是否健全和完善，是否取得 ISO14001

环境质量认证；③ 环境管理风险；④ 内部环境管理制度是否得到贯彻执行。审计企业环境管理体系，可以督促企业建立扎实科学的环境管理体系，最大可能地规避环境风险。

6. 环境会计报告审计

被审计单位同时运用财务指标和非财务指标对本单位环境审计责任履行情况进行披露所产生的报告性文件称为环境会计报告，环境会计报告包括环境资产负债表、损益表以及情况说明书等内容。环境会计报告审计的内容包括：① 环境资产、负债和权益的确认、计量和报告；② 确认、计量和报告环境收入、环境成本和环境收益；③ 确认、计量和报告环境财务绩效、环境质量绩效以及环境业务活动对环境的影响。环保会计报告审计的优点在于通过对环保会计报告的检查，可以使环保会计报告的可信度增加，进而有助于信息使用者决策时避免错误信息的干扰。

7.3.2 生态审计的基本内容

企业之间的关系和生态系统中物质循环与能量流动之间的关系存在相似性，企业通过纵向和横向生态审计，促进资源和材料的充分利用，减少生态影响，取得了社会、经济和生态方面的良好效果。首先，生态审计体现了企业生态行为的经济利益，即生态利益；其次，审计企业生态利益的真实性和完整性与生态行为之间关系，成为利益相关者做决策时需要考虑的重要因素。因此，在以前的环境审计的基础上，企业的环境义务、成本等的审计已发展成为生态环境活动与企业经营效率相互作用的审计。为了反映公司的生态竞争力，验证企业生态资产、生态义务和生态效益形成的现实性和可靠性显然十分重要。

1. 生态资产的审计

在确定企业生态资产是否为企业所有、计价是否正确、计价方法是否合理、生态资产增减变动的记录是否完整、记录是否正确的基础上，进行以下审计工作：

① 审查企业生态资产的形成及有关内部控制制度。

② 审查企业生态资产的所有权和真实性。包括企业的生态资产是否存在、是否起作用以及方式方法，据此区分“漂绿”企业。

③ 生态资产增加的审计。企业生态资产增加的来源、渠道、核算方法、账务处理。

④ 企业生态资产业务减少的审计，主要审查企业生态资产减少的处理是否正确。

⑤ 企业的资产负债表中是否包含企业的生态资产。审计师应该把重点放在生态资产数据真实性上来，同时要关注评估审计生态资产价值的方法的公布情况。

2. 生态负债的审计

负债审计主要是审查被审单位支付借款的及时性和在生产经营过程中形成的生态负债的合理性。在负债审计工作开展过程中，首先要确定该项生态负债真实存在，重点关注存在隐藏或遗漏的生态负债项目，确定环境负债是否准确记录并且反映在环境会计报告中。主要内容如下：

① 对各项生态负债的真实性进行审查。

② 对各项生态债务的会计处理、记录的准确性进行审查。

③ 对各项生态债务的低估或漏列情况进行审查。

④ 确认各项生态债务余额计算无误，并在报表上准确反映。

3. 生态收入的审计

生态收入是指企业通过实施环境友好行为、采用绿色清洁技术、改善产品性能等方式获得的收入。我们把研究重点放在传统企业从生态化生产经营活动中取得的收入上。企业的生态收入是指产品、功能和声誉三个方面的生态收入。生态收入合理性、涉及金额记录的准确性、会计记录的完整性等是生态收入审计的工作重点。主要包括以下方面：

① 测试和评估相关内控系统。关注企业是否建立了健全、有效的收入核算体系，体系是否真正健全有效。同时，在审计过程中应结合相关的生态资产和负债制度进行全面评估。

② 生态收入真实性的审查。如企业必须披露的生态收入是否予以披露，可以报告的某些生态收入是否予以报告，企业通过声誉获得的生态收益是否有相关证明文件，是否真实等。

③ 对企业的生态收益确认期进行审查。生态审计的重难点在于由声誉带来的生态收入是间接的，审计过程中有必要根据企业的实际情况进行确认。

④ 审计企业生态收益的合规性、合理性和准确性。首先，是否满足确认公司生态收入的条件，记录生态收入的时间是否正确；其次，会计处理是否与会计准则的要求保持一致。

⑤ 财务报表披露的信息和会计报告是否恰当。应根据其实现环节和对生态价值的影响评估，详细列出企业的生态收入，同时在企业报表中披露生态收入的实现情况。

4. 生态成本费用的审计

生态成本费用是企业在生产和经营中为实现环境方面的考虑，采用绿色清洁生产技术，发展以可循环经济为代表的生态经济产生的直接或间接的费用。主要内容如下：

① 检查各种生态成本和成本项目的真实可靠性。确认在整个生态化生产过程中，物料流动和信息交换等产生的各种成本费用的可靠性和准确性以及相关成本费用分配的准确性。同时确认分配方法是否合理且一致。

② 确认生态成本费用的核算是否合规合法，是否符合有关会计核算制度的要求，计算结果是否准确等。

5. 相关生态税费的审计

① 作为生态核算主体的代表，企业相关生态税收的范围和类型是否符合国家税收法规。

② 企业的各种税款的计算是否准确，是否及时纳税，有没有偷漏税的现象。

③ 企业因为生态环保行为而获得税收减免的依据是否真实，是否与国家相关规定一致，企业相应生态环保行为是否存在。

6. 企业生态利润的审计

企业的生态利润 = 产出生态收益（利润）+ 效用生态收益 + 声誉生态收益

企业生态利润的获取可能有三种形式，也可能是其中一种。企业生态利润的审计包括以下内容：

① 生态利润的真实性。

② 企业生态利润的形成和分配是否合理、合法。

③ 所得税的提取和计算是否正确，缴纳是否及时。

④ 公司的生态效益的形成是否在财务报表中充分披露。

7.4 生态审计的程序

生态环境审计程序是指审计员从生态环境审计项目开始到结束所采取的措施。审计程序通常涵盖调试、规划、实施和报告阶段。具体过程如图 7-1 所示。

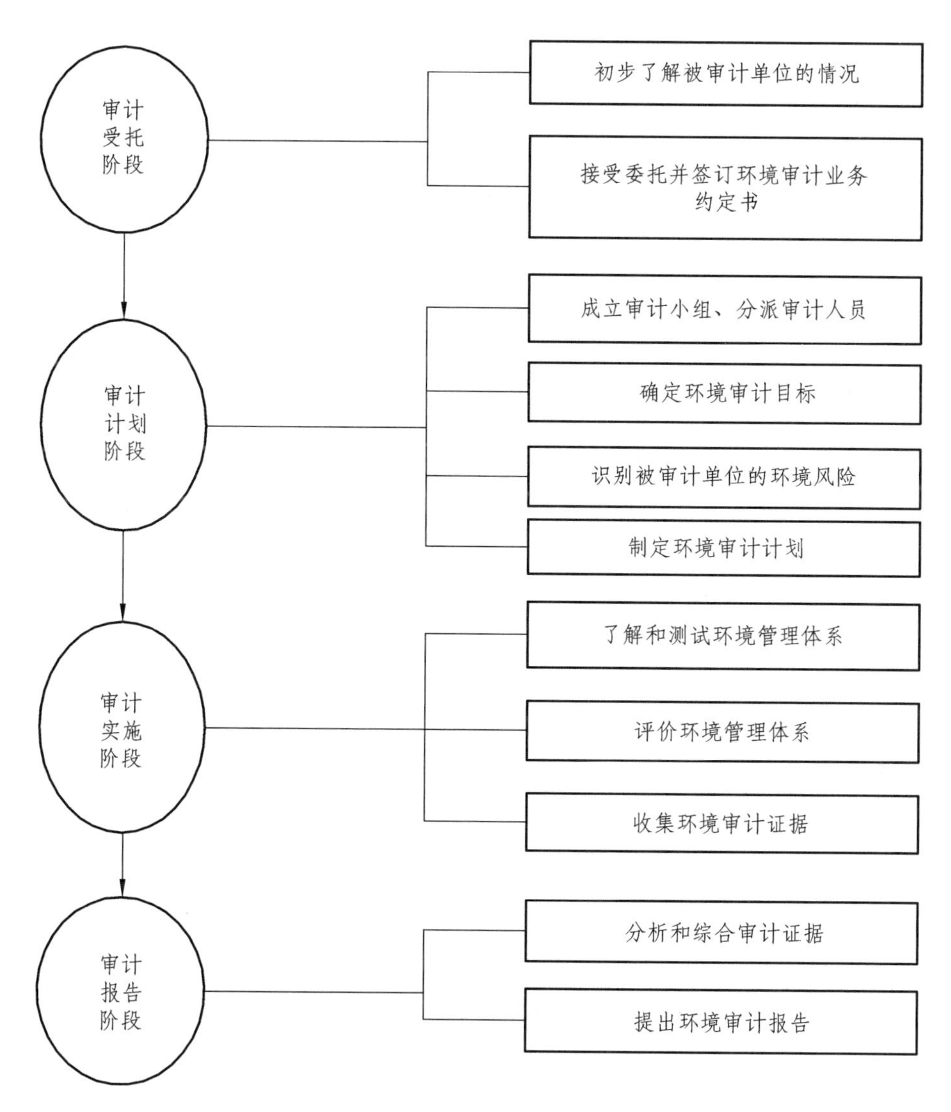

图 7-1 生态环境审计程序

1. 审计受托阶段

此步骤只限于注册会计师可以审计的生态审核项目，单位内部生态审计不用委托其他机构，只需要根据生态环境相关政策法规的要求确立审计项目；国家审计同样不需要委托其他机构，只需要根据政府和上级国家审计机构的要求确定审计项目。

（1）初步了解被审计单位的情况

了解被审计单位的情况后才能决定是否接受审计委托。了解的情况应该包括环保情况和基本情况等方面。

（2）接受委托并签订生态环境审计业务约定书

在业务协议中，确定生态环境审计的目的、范围，被审单位和审计员各自的责任、限制、审计费用、双方义务，被审单位应该提供的文件、出具报告的时限、违约责任等。

2. 审计计划阶段

计划阶段也是前期准备阶段，主要是为生态环境审计的现场实施做好准备。

（1）成立审计小组、分派审计人员

生态环境审计项目确定后，应该成立配备好审计工作人员的生态环境审计小组。审计工作人员的技能和经验是配备时需要考虑的关键因素，如果有需求，应该尽量聘请环保、法律等领域的专业人员。此外，审计工作人员最应该保持但是最难保持的就是审计工作的独立性，应该加强独立性教育，并且严格实施回避制度。

（2）确定生态环境审计目标

生态环境审计的一般目标应该根据委托人的要求来确定。通常包括以下四种目标：

① 发现环境中存在的风险以及环境管理风险。

② 对管理方法提出意见和建议。

③ 提高环保意识，加强环保措施。

④ 在企业报表中恰当披露环境会计信息。

此外，生态环境审计的具体目的应该根据审计项目的具体情况来确定。

（3）识别被审计单位的环境风险

识别环境风险是对被审单位生态、环境因素及其影响的理解和分析。由于行业和生产过程的差异，企业之间的环境因素可能会有所不同，因此有必要根据被审单位的实际情况来了解和分析生态因素及其影响。具体可以分为五个步骤：

① 选择适当的活动或过程。

② 确定环境因素（排放情况、废物管理、土壤污染对该地区的影响等）。

③ 确定环境影响类型。

④ 确定对环境的影响程度。

⑤ 评估环境影响的主要原因，确定是控制、过程和设备等哪一方面的因素。

（4）制定生态环境审计计划

环境审计实施的工作规划又被称为环境审计计划。该项工作的实施可以促进审计目标的实现，使环境审计工作更加规范化；与此同时，在进行环境审计工作评价时，环境审计计划是不可缺少的一部分。

3. 审计实施阶段

实施阶段是审计人员在被审单位进行现场检查的阶段，也称为外勤审计阶段。环境审计工作中最重要的一部分内容就是实施，因为此步骤直接影响审计证据收集的完整度，进而才能为形成最终审计结论提供基础。

（1）了解和测试生态环境管理体系

首先，环境审计人员应对生态环境管理的建立、健全和执行情况有充分的了解。其次，穿行测试是环境审计工作人员必须做到的一项工作，通过此项工作可以确认生态环境管理体系的执行情况。穿行测试的重点在于生态环境管理措施的运行情况，具体方法可以采用实验法、观察法等。

（2）评价环境管理体系

根据了解和测试生态环境管理体系的结果，对生态环境管理体系进行总体评价，确定生态环境管理体系的可信赖程度。生态环境管理体系评价的内容包括以下几点：

① 生态环境管理体系的健全性。评估企业环境管理系统是否健全完善，内容是否完整。

② 生态环境管理体系的适当性。对被审计单位的实际情况和生态环境管理体系的切合程度进行评价，如环境政策的合理性、职责权限明确度、措施的针对性和可行性等。

③ 生态环境管理体系的有效性。针对企业的生态环境管理体系是否合法合规、体系的运转情况、制定措施的执行情况等方面对生态环境管理体系的有效性进行评价。得出企业环境管理的优缺点，发现环境管理中的薄弱环节和关键漏洞，从而可以进一步修订审计计划。

（3）收集环境审计证据

环境审计证据包括：环境保护项目的进展、环境保护政策法规的执行情况、污染物的预防和处理情况、环境保护资金的使用情况、废弃物的处理情况、污染物的预防和处理情况、环境会计信息的披露情况、有毒有害物质的保管情况等。

证据收集的方法主要包括以下几点：

① 测量，即通过专项技术对环境质量情况进行测量。

② 检查，对会计核算、经济业务的原始凭证和相关会议记录等进行检查。

③ 观察，环境审计工作人员要观察被审计单位的仓库或者厂房陈列的环保设备和已经兴建好的环保设施，是否符合标准及其使用情况，除此之外，还要观察有毒有害物质的保管情况等。

④ 询证，在环境审计证据收集过程中，如果存在不清楚的情况，应该通过函询或面询的方式向有关单位或个人查证。在收集环境证据的过

程中，应随时将工作内容记录于环境审计工作底稿中。

4. 审计报告阶段

报告阶段是审计的最后一步。要求环境审计人员得出有关审计的结论并提交报告。

① 分析和综合审计证据。实施阶段已经收集了许多审计证据，在此阶段应该对其复核，各项工作必须规范合理。其次要整合审计证据，查明被审计单位的问题所在。

② 提出环境审计报告。生态环境审计报告是前期审计工作的书面表达，一般来说，生态环境审计报告需要采用详式报告格式，包括被审计单位基本情况介绍、治理措施、环境绩效以及存在的问题等内容。环境审计报告提出过程中，首先，工作人员要综合被审计单位的审计证据，其次，开始编制草稿，草稿编制的同时要征求被审单位意见，最后，根据意见对草稿修改后才能定稿。

7.5 生态审计的基本方法

生态审计可以借鉴环境审计方法的成功经验，形成独特的方法体系。合理科学地运用生态审查方法，对于发现“飘绿”企业，防止“柠檬市场”出现具有重要意义。

7.5.1 企业环境审计的方法

环评法、环境 SWOT 分析法、环境管理系统是企业环境审计的三种方法。

1. 环评法

环评法（Environmental Impact Approvail，简称 EIA）颁布于 1969 年，诞生于美国，然后扩展到一些发达国家，慢慢成为全球环境审计标准。环境影响评估的基本定义是检测和预测新的环境变化产生的影响，想办法采取措施减少此类影响，或者监视和管理已发生的影响。从定义中可以清楚地看出，对于企业而言，所有可能对环境产生重大影响的主要生产和运营活动都需要实施 EIA。

实施 EIA 的优势在于企业管理层可以根据评估结果考虑是否改变行动方案。从这个角度来看，EIA 是进行审计工作时必需的工具，也是制定计划的工具。

2. 环境 SWOT 分析法

在制定企业的环境审计策略时,有必要详细考虑企业整体环境策略、目标以及如何在企业范围内实施环境决策。目的是鼓励企业仔细检查其缺点,同时指出企业保护环境的方向。在 SWOT(Strengths, Weaknesses, Opportunities, Threats) 分析方法中，有必要根据企业环境保护的目标和企业预先设定的标准,在开展环境审计的过程中确定对企业环保水平、生产和运营产生重大影响的内外部因素，并评估所有影响因素。评估在面对这些不确定因素时企业的长处和短处,可能的机会和威胁。基于此,我们可以有效地分析企业战略。公司的机会是指在外部环境中对企业有益的因素，例如政府支持、先进技术的应用以及与供应商的关系等。企业的外部威胁是指环境对企业可能有害的因素，例如高能源成本、高监管成本和政府税收增加等。这些因素会影响企业竞争力和公众形象，进而影响企业长远发展。

3. 环境管理系统

ISO14001 中定义的环境管理体系（Environmental Management System，EMS）是组织管理体系的一部分。包括企业建立、实施、落实、评估和实施环境政策方针所需要的一系列制度性安排。此外，还包括行政管理方面的措施，例如组织的环境政策、目标和指标等。目的是防止企业对环境造成不利影响。

因此，环境管理体系也是企业的内部管理工具，内部环境审计已成为环境管理体系的一个分支。环境管理系统的目的是帮助企业实现其环境目标，并督促其环境行为的不断改善，以便企业能够达到更高的水平。

企业环境管理体系包括环境目标、环境政策、环境绩效的监督与控制机制、操作程序或环境项目以及管理评估等五个方面的内容。

7.5.2 生态审计的方法

生态审计的出现源于生态经济人概念的传播。欧盟发布的生态管理和审计计划（Eco-Management and Audit Scheme，EMSA）可以看作是生态意识的开始，体现了生态审计的概念。许多研究人员因为其路径依赖性依然称其为环境审计，但是指导环境审计的理念和思想基础已然发生改变。可以说，生态审计的基本准则来源于 EMAS。

1993 年，欧洲共同体发布了生态环境管理和审计计划。根据来源分析，大部分内容来自英国的 BS7750，这是企业可以选择的自愿性标准。主要内容如下：

① 采纳环境政策，除此之外企业要在不违背相关法律的基础之上采取一些使企业业绩持续改善的环境治理措施。

② 对区域生态环境进行环境调查。

③ 在调查基础上，建立企业的环境管理体系并制定环境政策。

④ 以三年为一个审计周期，企业应该在一个周期内完成所有活动的环境审计。

⑤ 建立环境目标需要生态审计的结果作为支撑，企业根据审计结果对环境措施进行修正后，企业的相关环境目标才能得以实现。

⑥ 公司生态环境报告编制的基本依托是生态调查和审计工作的完成。并且该生态环境报告必须经过审核者的认证。

⑦ 企业环境报告应包括居住地的描述以及所有重要环境事项、组织的环境政策和 EMS 状态、下一次环境报告的起止期限以及审核者名称。

生态审计的方法目前还在探索之中。我们认为，进行生态审计，主要应从如下几方面入手：

① 审核企业自身的生态定位。

② 评估企业生态政策、生态保护目标是否合理可行。

③ 企业的生产过程、企业之间的生态关系是否适合当地生态环境的发展方式。

④ 根据调查情况，对企业的生态设备及其操作状况进行合规性测试。

⑤ 调查并测试企业的生产过程及其对生态环境产生的影响，以检验其生产和经营过程或提供产品服务的过程是否对环境友好，确认其对当地生态环境的影响。以此为基础，审计企业产出生态收益的真实性。

⑥ 调查企业产品功能，观察生态友好特点在消费使用环节的体现，从而得出对企业竞争力的影响。

⑦ 审计企业声誉生态收益形成路径。基于对企业生产运营流程和产品使用环节生态功能的全面评估，检查企业生态效益的完整性、实现声誉生态效益的途径和方法，以及获得声誉生态效益的相关支持材料。

企业的综合生态收益鉴证的基础为审计企业产出、功能和声誉等三方面生态收益，该鉴证是企业在生态领域核心竞争力的照影，并且可以证明本企业生态收益的计算合法合规。

通过以上分析，可以发现，生态环境补偿会计是生态环境审计产生的内在动因，加快实施生态环境补偿会计，可以为生态环境审计提供操作的平台，促进生态环境审计工作的大力开展。而深入开展生态环境审计，又可为生态环境补偿会计的发展提供动力，促进企业重视环境问题，提高环境管理水平，完善生态补偿机制。

另一方面，生态环境补偿会计与生态环境审计也是相互制约的。生态环境补偿会计信息披露是连接生态环境补偿会计工作和生态环境审计工作的关键点，生态环境补偿会计信息披露的及时性、可靠性、相关性、真实性对生态环境补偿会计和生态环境审计工作发挥着重要的作用。

生态环境补偿会计应是一个完整的逻辑体系，包括生态管理会计、生态环境审计。生态管理会计将国家宏观生态环境管理系统和企业生态环境管理责任紧密地结合成为一个统一的系统，同时披露企业管理、生产和生态环境方面的信息。生态环境审计为生态环境补偿会计的发展提供动力。因此，三者共同构建起生态环境补偿会计的理论框架体系，为有效实施和完善生态补偿机制提供理论依据和支持。

第 8 章
生态环境补偿会计核算案例研究

为保证生态环境补偿会计核算体系的可行性及准确性，本文选择在武陵山片区有众多业务的一个国有有色金属企业集团 X 控股的上市公司 H 公司为例。H 公司作为一家大型的有色金属公司，由于业务的特殊性，其生产活动涉及生态环境污染问题，该公司重视生态环境保护，在生态环境治理等方面取得了一定的成效。因此，以 H 公司为研究案例对象，将生态环境补偿会计应用到该企业，对其日常涉及生态环境问题的经济业务进行会计核算，可以较好地验证生态环境补偿会计核算体系的可行性与实践性。

8.1 案例 H 公司概况

H 公司是国有有色金属企业集团 X 控股的上市公司，注册资金 12.02 亿元，资产规模超过 50 亿元，面积 639.8 平方公里，拥有矿山基地 19 座，探矿权 36 个，采矿权 17 个，占地面积 50.1439 平方公里。H 公司是一家大型的有色金属公司，主要从事黄金、精锑的深加工，黄金、锑、钨等有色金属矿山的开采、选矿，金、锑、钨等有色金属的冶炼加工及有色金属矿产品的进出口业务。公司自成立以来，生产加工各种有色金属产品，积极拓展国内外市场，各种产品产量和销量逐年增高，取得了良好的发展态势。2018 年，公司实现营业收入 1 246 090.97 万元，同比增加 20.68%。

另外，H 公司对环境保护的重视程度较高，在日常经营过程中严格遵守环保法律法规和国家排放标准要求，在污染治理、节能减排方面已小有成效，H 公司在生态保护方面的处理主要有：① 将废水用于生产、生态、生活各个方面并建立废水防治系统；② 及时淘汰老旧的开采设备，降低污染物对土地造成破坏的可能性；③ 公司采用含砷废渣固化解毒处理技术及三段生物制剂协同氧化深度处理工艺对砷碱渣进行无害化处理，从而真正实现砷碱渣的安全处置；④将矿山土地复垦，进行绿化工程；⑤ 金锭、锑及锑制品、钨及钨制品的生产和销售等。这些行为不仅提高了资源综合利用水平，还为企业创造了可观的经济收入。

8.2 案例 H 公司有关生态事项的会计核算

考虑到数据的可得性和核算的便利性，H 公司 2018 年第 3 季度的财务数据是本案例的主要数据来源。为了使企业生态环境补偿会计核算理论体系得以运用，本研究将与生态环境有关的业务进行生态环境补偿会计核算。

① 2018 年 7 月 10 日，H 公司由于业务发展需要，以 12 000 万元的探矿权购入 B 矿山，预计可开采锑矿储量 6 000 吨，预计剩余残值为 100 万元，2018 年 7 月 20 日，由于勘测技术进步，该公司对该矿山重新进行了勘探，发现在原来的基础上可以新增采储量 2 000 吨，评估价值为 4 000 万元，该季度开采出 300 吨锑。

A. 2018 年 7 月 10 日，确认锑矿资源成本，

借：生态资产——资源资产（锑矿） 120 000 000

　贷：应付生态款 120 000 000

B. 2018 年 7 月 20 日，确认锑矿资源资产增值部分，

借：生态资产——资源资产 40 000 000

　贷：未实现增值——锑矿资源资产 40 000 000

C. 2018 年第三季度应承担的计提折耗费用

年折耗率 =（12 000 + 4 000 − 100）÷（6 000 + 2 000）= 1.987 5（万元/吨）

该季度应承担的折耗 = 300 × 1.987 5 ÷ 12 × 2 = 993 750（元）

借：生产成本——折耗费用　　993 750

　贷：累计资源折耗　　993 750

② 为了保护和改善生态环境，该企业年初计划建立一个休憩场所，治理修复了一个废弃的矿井，7 月 15 日已初步完成，项目耗费土地修复费用 1 300 000 元，人工费用 2 000 000 元，材料费用 600 000 元，设备等费用 500 000 元，预计使用年限为 15 年。

借：生态成本——生态治理成本（资本化支出）　　4 400 000

　贷：应付职工薪酬　　2 000 000

　　原材料　　600 000

　　银行存款——生态　　1 800 000

该工程已建设完工，

借：生态资产——生态功能资产　　4 400 000

　贷：生态成本——生态治理成本（资本化支出）　　4 400 000

本季度应计提的折旧金额 =（4 400 000 ÷ 15）÷ 12 × 2 = 48 889（元）

借：生态成本——生态治理成本（费用化支出）　　48 889

　贷：累计折旧——生态功能资产　　48 889

③ 7 月 20 日，企业对锑矿生产技术进行研发更新，该项目已通过测试，整个阶段支付给研发人员的薪酬为 88 000 元，耗费的材料为 120 000 元，相关设备费用为 9 600 元。依据有关会计准则，其中应资本化的金额为 136 190 元，费用化的金额为 81 410 元。与此同时，公司对此技术已成功申请专利，该项专利的注册费用为 35 600 元、律师费用为 8 000 元，此项无形资产的使用年限为 10 年。

A. 研发支出发生时，

借：研发支出——资本化支出（生态） 179 790

——费用化支出（生态） 81 410

贷：原材料 120 000

应付职工薪酬 88 000

银行存款——生态 53 200

B. 研发项目达到预定可使用状态时，

借：生态资产——生态无形资产 179 790

贷：研发支出——资本化支出（生态） 179 790

C. 结转费用化支出时，

借：生态成本——生态预防成本（费用化支出） 81 410

贷：研发支出——费用化支出（生态） 81 410

D. 该季度应计提的摊销费用 = （179 790 ÷ 10）÷ 12 × 3 = 4 495（元）

借：生态成本——生态预防成本（费用化支出） 4 495

贷：累计摊销——生态无形资产 4 495

④ 为了增加公司日常的生产、生活用水，该公司于 2018 年 1 月开始筹建一项废水净化工程。该项固定资产建设工程完工，初步达到可使用状态，并于 7 月 30 日通过验收，工程总价为 300 万元，预计可使用年限为 20 年，残值为 0。

借：生态成本——生态预防成本（资本化支出） 3 000 000

贷：银行存款——生态 3 000 000

结转为生态资产（工程达到预定可使用状态时），

借：生态资产——生态固定资产 3 000 000

贷：生态成本——生态预防成本（资本化支出） 3 000 000

该废水净化工程计提折旧方法为直线法，该季度的折旧额 = 300 ÷ 20 ÷ 12 × 2 = 2.5（万元），折旧计提金额应计入工程的运行费用中。

⑤ 8 月 1 日，该公司对生态环境损坏进行治理，投入资金 200 万元，

借：生态成本——生态治理成本（费用化支出） 2 000 000

贷:银行存款——生态　　2 000 000

⑥ 8 月 10 日，企业因之前开采 B 矿山地下锑矿给当地环境造成不良的影响，需要补偿当地村民因环境污染造成的损失以及治理环境等，花费 1 000 万元。

借:生态成本——生态补偿成本(费用化支出)　　10 000 000

贷:应付生态款——应付生态补偿费　　10 000 000

⑦ 该公司没有正常运行污染防治设施，致使污水外溢，7 月 4 日，环保部门判定对该矿业公司实施罚款 100 万元的行政处罚。该公司于 8 月 16 日支付罚款和赔偿金。

计提时,借:生态成本——生态补偿成本(费用化支出)　　1 000 000

贷: 预计生态负债　　1 000 000

实际支付时,借: 预计生态负债　　1 000 000

贷: 银行存款——生态　　1 000 000

⑧ 2017 年，该企业在生态保护方面取得了较好的成就，获得了社会的好评，8 月 26 日获得政府环保治理奖励金 18 万元。

借: 银行存款——生态　　180 000

贷: 营业外收入——外部生态收入　　180 000

⑨ H 企业经国家许可，于 9 月 3 日获得某一锑矿的开采权，经权威部门评估，该锑矿的开采权价值为 60 000 000 元，双方协商实收资本为 55 000 000 元，资本公积 5 000 000 元。

借:生态资产——资源资产　　60 000 000

贷:实收资本——生态资本　　55 000 000

资本公积——生态溢价　　5 000 000

⑩ H 公司将洗选矿产生的污水排入农田，200 亩小麦的生长受到影响，减产量按照 400 斤/亩计算，已知该时段小麦的市场价格为 2400 元/吨，H 公司于 9 月 5 日赔偿了费用。

企业应负担的环境治理成本 = 200×400÷2 000×2 400 = 96 000 元

借：生态成本——生态治理成本（费用化支出） 96 000

　贷：银行存款——生态 96 000

⑪公司对废渣进行无害化处理和回收利用，9 月 11 日统计对废渣进行无害化处理时发生的各项支出如表 8-1 所示。

表 8-1 废渣处理表

编制单位：H 公司　　2018 年 9 月 11 日　　单位：万元

废渣处理成本	180
动力及燃料	60
人工费	40
机器设备折旧	46
材料	20
银行存款	14

借：生态成本——生态治理成本（资本化支出） 1 800 000

　贷：原材料 800 000

　　累计折旧 460 000

　　银行存款——生态 140 000

　　应付职工薪酬 400 000

借：原材料——回收废物 1 800 000

　贷：生态成本——生态治理成本（资本化支出） 1 800 000

⑫9 月 20 日，企业将从 C 矿山开采的 6 000 吨锑矿全部加工完毕，分别加工成了 2 000 吨精锑和 600 吨含量锑，耗用的各项成本费用如表 8-2 所示。

表 8-2 锑精矿加工成本费用表

编制单位：H 公司　　2018 年 9 月 20 日　　单位：万元

	精锑	含量锑
成本费用	4 785	828

续表

	精锑	含量锑
其中：　　锑矿资源	1 600	400
材料费	1 000	200
人工费	900	100
设备折旧费	900	100
其他支出费用	385	28

借：生产成本——精锑　　47 850 000

　　　　　——含量锑　　8 280 000

　贷：生态资产——资源资产　　24 000 000

　　　原材料　　12 000 000

　　　应付职工薪酬　　9 000 000

　　　累计折旧　　9 000 000

　　　银行存款——生态　　2 130 000

将前述生产锑矿的资源折耗费用分摊到加工产品中：

精锑应负担的折耗费用 = 993 750 × 0.8 = 795 000（元）

含量锑应负担的折耗费用 = 993 750 × 0.2 = 198 750（元）

借：库存商品——精锑　　48 645 000

　　　　　——含量锑　　8 478 750

　贷：生产成本——精锑　　47 850 000

　　　　　　——含量锑　　8 280 000

　　　生产成本——折耗费用　　993 750

⑬ 为维持企业生态保护部门的正常运作，9 月 26 日，用于该部门的运行费用支出 25 万元。其中，部门人员工资 15 万元，办公费 5 万元，差旅费 2 万元，其他费用支出 3 万元。另外，9 月份，该企业邀请某大学教授对企业环保部门员工展开生态保护专题讲座，同时对该部门的员

工进行生态环保知识培训，发生培训费用10万元。

借：管理费用——生态管理费用　　350 000

　贷：应付职工薪酬　　150 000

　　其他应收款　　20 000

　　银行存款——生态　　180 000

实际支付薪酬时，

借：应付职工薪酬　　150 000

　贷：银行存款——生态　　150 000

⑭公司9月28日将加工后的废渣销售给某公司，售价共计420万元。销售时，

借：银行存款——生态　　4 914 000

　贷：其他业务收入——内部生态收入　　4 200 000

　　应交税费——应交增值税（销项税额）　　714 000

结转成本时，

借：其他业务成本——生态　　2 600 000

　贷：原材料——回收废物　　2 600 000

⑮H公司在7月底完工的一项废水净化工程支出如表8-3所示。

表8-3　废水净化工程运行支出

编制单位：H公司　　2018年9月30日　　单位：万元

废水净化处理工程成本	50
材料	22
燃料及动力	10
设备折旧费	6
人工成本	12

借：生态成本——生态预防成本（费用化支出）　　500 000

　贷：原材料　　320 000

累计折旧——生态固定资产　　60 000

应付职工薪酬　　120 000

⑯ 由于管理不到位，企业在该季度生产对外排放的废气，统计（9 月 30 日）如表 8-4 所示。

表 8-4　污染物统计排放量

污染物	氨氮（吨）	二氧化硫（吨）	化学需氧量（吨）
排放量	0.2	42.5	10.6

按照国家规定，排放废气应征收废气环保税，具体征收标准如下：应按约当产量征收，1.2—12 元/当量，依据本企业的实际，本案例取 2 元/当量。《环境保护税法》规定化学需氧量（COD）为 0.5 元/kg；二氧化硫与氨氮的污染当量值分别为 0.95 元/kg、0.80 元/kg。根据规定，各项污染物应缴纳的费用计算如下：

氨氮污染当量 =（0.2 × 1 000）÷ 0.8 = 250

二氧化硫污染当量 =（42.5 × 1000）÷ 0.95 = 44 737

化学需氧量染当量 =（10.6 × 1 000）÷ 0.5 = 21 200

氨氮的排放应纳税额 = 2 × 250 = 500

二氧化硫的排放应纳税额 = 2 × 44 737 = 89 474

化学需氧量的排放应纳税额 = 2 × 21 200 = 42 400

企业废气的排放应纳税总额 = 500 + 89 474 + 42 400 = 132 374（元）

借：生态成本——生态补偿成本（费用化支出）　　132 374

贷：应交税费——应交环保税　　132 374

⑰ 企业开采矿产产生的各种排放物使生产员容易患有相关疾病，9 月 30 日，本部门患尘肺病的职工 20 名，由本企业承担的相关治疗费用、住院费用等共计 1 200 000 元。

借：生态成本——生态补偿成本（费用化支出）　　1 200 000

贷：应付职工薪酬——特殊环境健康损失费　　1 200 000

⑱ 企业进行扬尘治理，本季度发生设备运行费用 20 万元。

借：生态成本——生态治理成本（费用化支出） 200 000

贷：银行存款——生态 200 000

⑲ 企业 9 月 30 日对外销售 1800 吨精锑和 500 吨含量锑，销售收入分别为 7668 万元和 1700 万元，同时应结转成本。

应结转精锑成本 = 48 645 000 ÷ 2 000 × 1 800 = 43 780 500 元

应结转含量锑成本 = 8 478 750 ÷ 600 × 500 = 7 065 625 元

借：银行存款——生态 109 605 600

贷：主营业务收入——内部生态收入 93 680 000

应交税费——应交增值税（销项税额） 15 925 600

借：主营业务成本——生态 50 846 125

贷：库存商品——精锑 43 780 500

——含量锑 7 065 625

⑳ 该企业将废弃的 D 矿改造为旅游线路，以供游客参观体验游玩，收取门票 50 元/位，9 月 30 日，参观旅游人数达到 1 000 人，同时计提的折旧费用为 2 万元。

借：银行存款——生态 500 000

贷：其他业务收入——外部生态收入 500 000

借：其他业务成本——生态 20 000

贷：累计折旧——生态功能资产 20 000

季末，对各部分进行结转。

A. 结转成本费用

借：本年利润——生态利润 69 079 293

贷：主营业务成本——生态 50 846 125

其他业务成本——生态 2 620 000

生态成本——生态预防成本（费用化支出） 585 905

——生态补偿成本（费用化支出） 12 332 374

——生态治理成本(费用化支出) 2 344 889

管理费用——生态管理费用 350 000

B. 结转收入

借：主营业务收入——内部生态收入 9 3680 000

其他业务收入——内部生态收入 4 200 000

——外部生态收入 500 000

营业外收入——外部生态收入 180 000

贷：本年利润——生态利润 98 560 000

企业该季度的生态净利润 =（98 560 000－69 079 293）×（1－25%）= 22 110 530（元）

8.3 案例 H 公司生态会计信息披露

前已述及，生态环境补偿会计信息披露包括独立报告和嵌入式列报两种模式，本文选择了嵌入式列报模式对案例的核算结果予以披露。独立的生态环境补偿会计报告形式在第 5 章中述及，这里不再赘述。

8.3.1 嵌入式列报

现行财务报告主表包括 4 张报表，即资产负债表、利润表、现金流量表和所有者（股东）权益变动表，限于原始资料，本文只演示案例 H 公司的资产负债表、利润表及现金流量表 3 张报表。

1. 案例 H 公司 2018 年资产负债表

案例 H 公司 2018 年第 3 季度资产负债表如表 8-5 所示。表中年初余额数据来源于 H 公司 2017 年资产负债表。我们依据上述设想的生态相关业务编制资产负债表中的第三季度余额数据，其他未涉及的财务数据假定其金额不发生改变。发生变动的项目包括“货币资金”“生态资产”“应付生态款”“特殊环境健康损失费”“股本”及“资本公积”等项目。

表 8-5 资产负债表

编制单位：H 公司 2018 年第 3 季度 单位：元

资产	期末余额	期初余额	负债及所有者权益	期末余额	期初余额
流动资产：			流动负债：		
货币资金	202 639 047.55	427 282 156.99	短期借款	337 868 225.84	83 170 645.00
其中：生态	104 450 400.00				
以公允价值计量且其变动计入当期损益的金融资产	234 559.97	27 363 000.00	以公允价值计量且其变动计入当期损益的金融负债	345 073 600.00	450 592 760.04
衍生金融资产			衍生金融负债		
应收票据及应收账款	453 201 285.84	471 613 831.88	应付票据及应付账款	141 095 440.16	152 637 495.83
			应付生态款	130 000 000.00	
其中：应收票据	221 217 655.94	281 860 885.88	预收款项	39 339 718.16	68 216 589.34
应收账款	231 983 629.90	189 752 946.00	应付职工薪酬	329 301 387.26	348 174 502.74
应收生态款			特殊环境健康损失费	1 200 000.00	
预付款项	339 238 829.09	133 485 698.96	应交税费	29 645 533.69	41 820 689.99
			其中：应交环保税	132 374.00	
			应交资源税		
应收保费			其他应付款	176 609 751.02	214 810 604.11
应收分保账款			其中：应付利息		
应收分保合同准备金			一年内到期的非流动负债		299 534 798.34

续表

资产	期末余额	期初余额	负债及所有者权益	期末余额	期初余额
其他应收款	57 334 733.51	48 829 424.45	其他流动负债		
其中：应收利息			流动负债合计	1 530 133 656.13	1 658 958 085.39
应收股利			非流动负债：		
买入返售金融资产			长期借款		
存货	445 822 494.56	629 767 045.92	应付债券	499 620 570.25	499 246 469.80
其中：精锑	4 864 500.00				
含量锑	1 413 125.00				
持有待售资产			其中：优先股		
一年内到期的非流动资产					
其他流动资产	316 699 142.64	322 983 332.32	长期应付款	37 126 672.61	37 126 672.61
流动资产合计	1 815 170 093.16	2 061 324 490.52	长期应付职工薪酬		
非流动资产：			预计负债		
发放贷款和垫款			递延收益	66 254 626.84	54 694 649.13
可供出售金融资产	1 101 316.65	1 101 316.65	递延所得税负债		
持有至到期投资			其他非流动负债		
长期应收款			非流动负债合计	603 001 869.70	591 067 791.54
长期股权投资	17 151 173.90	24 373 444.21	负债合计	2 133 135 525.83	2 250 025 876.93

续表

资产	期末余额	期初余额	负债及所有者权益	期末余额	期初余额
投资性房地产			所有者权益:		
固定资产	2 526 544 101.04	2 493 786 447.79	股本	1 257 039 474.00	1 202 039 474.00
			其中：生态资本	55 000 000.00	
在建工程	497 620 034.29	369 226 442.51	其他权益工具		
生产性生物资产			其中：优先股		
油气资产			资本公积	1 331 374 239.73	1 291 066 583.73
无形资产	597 476 920.87	626 914 661.01	其他综合收益	234 559.97	－57 426.03
生态资产	226 507 656.00				
生态固定资产	2 975 000.00				
生态无形资产	175 295.00				
生态功能资产	4 351 111.00				
资源资产	219 006 250.00				
开发支出			专项储备	22 732 203.85	17 060 617.16
商誉	61 418 528.91	61 418 528.91	盈余公积	263 254 574.47	263 254 574.47
长期待摊费用	1 198 065 018.75	1 144 265 754.17	未分配利润	1 966 705 397.35	1 787 486 864.15
			其中：生态利润	22 110 530.00	
递延所得税资产	102 248 427.60	103 904 055.25	归属于母公司所有者权益合计	4 746 032 793.37	4 560 850 687.48

续表

资产	期末余额	期初余额	负债及所有者权益	期末余额	期初余额
其他非流动资产			少数股东权益	68 827 295.97	75 438 576.61
非流动资产合计	5 228 133 178.01	4 824 990 650.50	所有者权益合计	4 910 167 745.34	4 636 289 264.09
资产总计	7 043 303 271.17	6 886 315 141.02	负债和所有者权益总计	7 043 303 271.17	6 886 315 141.02

2. 案例 H 公司 2018 年利润表

在现行利润表格式中并没有将主体的主营业务收入/成本和其他业务收入/成本进行区分，本案例 H 公司 2018 年利润表的设计亦按照现行方式统一格式。但营业收入（成本）中内部生态收入（支出）和外部生态收入（支出）等数据对本案例的研究至关重要，所以我们以明细的方式将其单独列示出来，以表连贯，如表 8-6 所示。

表 8-6 利润表

编制单位：H 公司　　2018 年第 3 季度　　单位：元

项目	本期发生额	上期发生额
一、营业总收入	9 641 093 258.14	7 909 406 096.76
其中：主营业务营业收入	8 676 983 932.33	7 118 465 487.08
其中：内部生态收入	93 680 000.00	
其他业务收入	964 109 325.81	790 940 609.68
其中：内部生态收入	4 200 000.00	
外部生态收入	500 000.00	
利息收入		
已赚保费		
手续费及佣金收入		
二、营业总成本	9 451 795 077.52	7 582 607 908.0

续表

项目	本期发生额	上期发生额
其中：营业成本	8 771 827 960.86	6 929 268 062.59
其中：主营业务成本	7 894 645 164.77	
生态	50 846 125.00	
其他业务成本	8 771 827 96.09	
生态	2 620 000.00	
生态成本	15 263 168.00	
其中：生态治理成本	2 344 889.00	
生态补偿成本	12 332 374.00	
生态预防成本	585 905.00	
税金及附加	45 513 555.75	28 342 842.88
销售费用	26 233 319.79	24 685 839.87
管理费用	353 350 305.25	330 010 251.35
其中：生态管理费用	350 000.00	
研发费用	170 775 668.27	173 259 731.17
财务费用	30 215 987.41	33 168 182.05
其中：利息费用	33 354 203.92	31 832 841.02
利息收入	1 795 024.68	1 188 463.63
资产减值损失	38 615 112.19	63 872 998.11
加：其他收益	3 947 074.82	0.00
投资收益（损失以“－”号填列）	6 116 425.09	8 221 893.47
其中：对联营企业和合营企业的投资收益		
公允价值变动收益（损失以“－”号填列）	0.00	491 886.00
汇兑收益（损失以“－”号填列）		
资产处置收益（损失以“－”号填列）	1 300 808.42	－19 650 000.00

续表

项目	本期发生额	上期发生额
三、营业利润（亏损以“－”号填列）	200 662 488.95	315 861 968.21
加：营业外收入	1 900 456.24	3 731 332.47
外部生态收入	180 000.00	
减：营业外支出	5 129 466.86	9 727 498.73
四、利润总额（亏损总额以“－”号填列）	197 433 478.33	309 865 801.95
其中：生态利润	29 480 707.00	
减：所得税费用	37 212 568.20	63 720 413.86
五、净利润（净亏损以“－”号填列）	160 220 910.13	246 145 388.09
其中：生态净利润	22 110 530.00	

3. 案例H公司现金流量表

案例H公司2018年现金流量表如表8-7所示。将“与生态相关的经营活动产生的现金流入量”“与生态相关的经营活动产生的现金流出量”项目增加到现金流量表“经营活动产生的现金流量”中；将“与生态相关的投资活动产生的现金流入量”“与生态相关的投资活动产生的现金流出量”项目增加到“投资活动产生的现金流量”中；将“与生态相关的筹资活动产生的现金流入量”增加到“筹资活动产生的现金流量”中。

表8-7　现金流量表

编制单位：H公司　　2018年度　　单位：元

项目	本期发生额	上期发生额
一、经营活动产生的现金流量：		
销售商品、提供劳务收到的现金	9 728 878 389.80	8 010 438 980.16
收到的税费返还	0.00	20 712.07

续表

项目	本期发生额	上期发生额
收到其他与经营活动有关的现金	19 193 873.45	50 777 928.02
与生态相关的经营活动产生的现金流入量	114 519 600.00	
其中：回收废物以及加工废弃物获得的收入	4 914 000.00	
销售资源产品获得的收入	109 605 600.00	
经营活动现金流入小计	9 862 591 863.25	8 061 237 620.25
购买商品、接受劳务支付的现金	8 481 074 973.45	6 796 793 586.68
支付给职工以及为职工支付的现金	521 773 005.33	465 499 586.60
支付的各项税费	179 166 939.09	141 171 486.74
与生态相关的经营活动产生的现金流出量	7 228 374.00	
其中：维持周边生态系统支付的治理费	2 626 000.00[①]	
赔偿周边居民健康损失费	1 000 000.00	
支付员工的健康损失费	1 200 000.00	
支付的环保税	132 374.00	
加工资源产品支付的现金	2 130 000.00	
加工废弃物支付的现金	140 000.00	
支付其他与经营活动有关的现金	276 349 170.82	312 421 882.24
经营活动现金流出小计	9 465 592 462.69	7 715 886 542.26
经营活动产生的现金流量净额	405 999 400.56	345 351 077.99

续表

项目	本期发生额	上期发生额
二、投资活动产生的现金流量:		
收回投资收到的现金	509 196 239.37	887 076 801.37
取得投资收益收到的现金		
处置固定资产、无形资产和其他长期资产收回的现金净额	18 875.73	16 045.00
与生态相关的投资活动产生的现金流入量	500 000.00	
其中:建立生态休憩场所获得的收入	500 000.00	
收到其他与投资活动有关的现金		
投资活动现金流入小计	509 715 115.10	887 092 846.37
购建固定资产、无形资产和其他长期资产支付的现金	280 159 645.03	328 717 310.46
投资支付的现金	520 512 304.00	600 000 000.00
支付其他与投资活动有关的现金		
与生态相关的投资活动产生的现金流出量	4 853 200.00	
其中:购买相关生态资产的支出	4 853 200.00[②]	
投资活动现金流出小计	805 525 149.03	928 717 310.46
投资活动产生的现金流量净额	−295 810 033.93	−41 624 464.09
三、筹资活动产生的现金流量:		
吸收投资收到的现金	0.00	25 000 000.00
其中:子公司吸收少数股东投资收到的现金		

续表

项目	本期发生额	上期发生额
取得借款收到的现金	1 343 111 491.31	1 170 788 830.98
发行债券收到的现金		
收到其他与筹资活动有关的现金	295 746 400.00	270 865 020.40
与生态相关的筹资活动产生的现金流入量	180 000.00	
其中:收到国家或其他单位投入与生态活动相关的现金	180 000.00	
筹资活动现金流入小计	1 639 037 891.31	1 466 653 851.38
偿还债务支付的现金	1 438 413 910.47	1 267 035 357.98
分配股利、利润或偿付利息支付的现金	21 152 030.91	82 336 175.47
其中:子公司支付给少数股东的股利、利润		
支付其他与筹资活动有关的现金	402 186 400.00	87 069 000.00
筹资活动现金流出小计	1 861 752 341.38	1 436 440 533.45
筹资活动产生的现金流量净额	-222 714 450.07	30 213 317.93
四、汇率变动对现金及现金等价物的影响		
五、现金及现金等价物净增加额	-224 643 109.44	333 939 931.83
加:期初现金及现金等价物余额	425 967 685.05	296 742 000.98
六、期末现金及现金等价物余额	201 324 575.61	630 681 932.81

注:① 绿化复垦 2 000 000 元+96 000 元+180 000 元+150 000 元+200 000 元=2 626 000 元

② 生态功能资产 1 800 000 元+生态无形资产 532 000 元+生态固定资产 3 000 000 元 = 4 853 200 元

8.3.2 会计报表附注

对于 H 公司未能在上述财务报告中列示的一些生态相关项目和信息，应当在企业报表附注中予以说明，例如公司的生态环境业务性质和主要的生态环境活动、所提供的主要生态产品或生态服务、监管生态环境的性质等。公司财务报表应对生态项目的计量基础，公司治理生态环境的主要进展和基本情况，公司对政府颁布有关的生态环境法律法规、方针政策的执行情况等进行说明。

8.3.3 核算结果分析

综上所述，H 公司的生态资产为 226 507 656 元，生态负债为 131 200 000 元，生态权益为 95 307 656 元，生态收入为 93 680 000 元，生态成本为 69 079 293 元，生态净利润为 22 110 530 元。H 企业进行的各种与生态环境相关经济活动，形成了生态负债，同时也获得了生态利润，说明该企业的生态环境保护活动取得了一定效果。另外企业通过生态环境会计核算和生态环境信息披露，可以为企业外部报表使用者提供决策有用的信息，例如可以为政府相关部门对生态环境监管和制定有关的生态环境法律法规提供一定的依据，为企业外部投资人提供一套有效的生态环境会计信息，改善和提高他们决策的准确性，同时企业为了缓解融资约束，应该及时地向外披露生态环境信息，这样可以向社会大众树立一个良好的社会形象。更为重要的是，企业合理开发和利用自然资源，也是践行可持续发展战略的重要手段和关键一环。

通过该公司的生态环境事项会计核算实践应用，可以发现企业对生态环境问题和生态治理比较重视，不仅严格遵循国家有关的环境法律法规，而且加强对各种废弃物的利用，积极引进各种环保设备，进行环保技术研发，取得了较好的成效。总体来说，该公司作为一家污染企业，能够带头履行国家的环境保护政策，在生产产品赚取利润的同时，积极保护生态环境，为经济社会和谐、可持续发展做出了积极贡献。

与此同时，通过该公司的现金流量表，可以发现 2018 年第 3 季度的生态投资现金流量净额为 – 4 353 200 元，说明该公司 2018 年第 3 季度在生态方面投资较大，远高于生态方面的收入，出现了过度投资的状况，投入和产出不匹配，会导致现金周转不及时，有可能使企业陷入财务困境，这是企业今后应该关注的问题之一。

此外，从政府层面来讲，一方面，政府相关部门在出台和颁布有关生态环境保护和治理法规、政策的同时，应积极推动和鼓励业界和学界从事生态环境方面的理论研究；另一方面，政府应将生态环境审计纳入政府层面的信息化建设，注重培养该领域专门人才，为生态环境会计的发展提供保障，为经济发展和社会进步保驾护航。

第 9 章
结论与展望

9.1 主要结论

本研究对生态补偿、环境会计及生态会计的已有研究及实践成果进行了系统的梳理，并在前人研究的基础上对生态环境补偿会计的基本理论、特殊性和模式选择进行整体分析，以期构建生态环境补偿会计基本框架，寻求生态环境补偿会计的会计之道，为生态环境补偿会计理论与方法的完善、生态管理会计的合理内在化及其生态审计的互动关系等提供帮助。本文对生态环境补偿会计的会计确认、会计计量、会计信息披露、生态管理会计、生态环境审计进行了深入的探讨，并结合案例具体分析，形成了如下主要结论。

9.1.1 关于生态环境补偿会计的会计核算模式

生态环境补偿会计为利益相关者提供生态环境有关的核算信息，其信息使用对象既包括个人、企业及经济组织等微观利益相关者，也包括政府、事业单位等进行宏观调控的利益相关者，因此，生态环境补偿会计的核算模式可采用两种模式。对微观的企业生态环境补偿会计实行一套具体核算模式，对政府的宏观调控则实行另外一套核算模式。

微观生态环境补偿会计从保护生态环境资源和承担社会责任的视

角，强调企业在进行经济活动时应合理利用和开发生态环境资源，使企业在追寻自身利益最大化的同时，实现经济效益和生态环境效益的协调发展。而宏观生态环境活动是由许许多多的微观生态环境活动组成的，因而微观生态环境补偿会计是宏观生态环境补偿会计的基础，为宏观生态补偿会计的核算和形成提供必要的信息资料。

9.1.2 关于生态环境补偿会计的会计确认

生态环境补偿会计的确认与传统会计的确认在本质上是一致的，是将涉及生态环境补偿的经济业务作为生态资产、生态负债等会计要素正式列入会计信息系统的过程。其确认的标准与传统会计的确认标准大致相同。但由于自然生态环境固有的特征，其确认标准又有所不同。例如，生态资源既属于有形资产，也属于无形资产，生态资产具有整体性，并且存在天然的依附性。所以在生态资源资产确认与计量时，既要遵从有形资产的确认规定，又不能抛弃无形资产的确认依据，也就是说在考虑到生态资产等有形资产价值的同时，还要考虑生态资产价值，这样既符合生态资产整体性的特征，体现了各类生态资产之间相互依存、相互影响的关系，又没有将天然依附关系淡忘；又如生态资源还具有公共物品性和外在经济性等特征，其公共物品性的特征导致生态资产一般不存在市场，可想而知生态资产的价值不能用市场价值计价方法来确定，因而非市场价值的计价方法是生态资产确认和计量工作中必须考虑的方式；对象的选择性和生态补偿性是生态资源的另外两个特征，这两个特征使得重要性原则成为生态资产确认与计量的出发点，该原则首先体现在重点将符合现有条件的生态资产纳入会计核算范畴，不强求面面俱到，其次是要将范畴之内的生态资产反映在会计信息载体上。

9.1.3 关于生态环境补偿会计的会计计量

生态环境补偿会计属于会计体系的一部分，其计量方式可采用以货币计量为主、其他计量单位为辅的多元计量。但是，由于生态环境补偿会计具有特殊性，有些时候货币计量并不能完全表达生态环境补偿活动信息，因此，往往需要借助其他计量方式，如实物计量、技术计量和时间计量等。其次，在计量属性的选择上，由于生态环境系统具有复杂多变性，历史成本计量作为会计计量属性存在着诸多缺陷。例如森林资源，矿产资源等自然生态资源，其历史成本无法反映其生态服务价值。因此，可变现净值、公允价值作为更科学的计量方法被运用于生态自然资源的计量当中。生态环境经济学理论和生态补偿活动实践的不断发展和完善对生态环境补偿会计计量方法体系的建立具有极强的借鉴意义。

估算环境质量的价值主要有三种方法：意愿调查评估法、替代性市场法和直接市场法。在运用这三种方法估算环境质量的价值时，要互为补充，灵活运用。直接市场法用于评估某些可以明确度量且度量结果可以用货币价格加以测算的生态环境质量；替代性市场法用于环境质量能够观察或找到替代某种生态服务功能的情况。在替代性市场法和直接市场法都无法应用时，就应该采用第三种方法——意愿调查评估法。

9.1.4 关于生态环境补偿会计的信息披露

为了实现可持续发展和生态环境外部合理性，应将生态（环境）补偿纳入会计体系并严格进行信息披露。在现行价值会计信息披露模式下，嵌入式列报或独立价值报告是生态（环境）补偿会计所应选择的披露方法。嵌入式列报法以现行“资产负债表”“利润表”“现金流量表”为载体，将与生态环境活动有关的会计事项植入现行财务报告的 3 张主表，并在附注中详细披露企业自身的生态保护目标、对国家现有的生态保护法律法规的执行情况以及制定的相关方针政策、开展生态治理活动的效果和进展情况、生态环境质量情况等。生态（环境）补偿会计独立价值报告则不改变现有报告格式，另起炉灶披露生态（环境）补偿会计信息。然而，虚拟性的标签赋予了生态（环境）补偿会计纯价值信息，这正是由于现行会计理论和披露方法所导致的。价值信息在实现生态环境外部性的内在化方面有很强的说服力，可操作性也较强，但是相关会计信息披露的难点在于生态（环境）补偿会计理论和方法的缺失，因而多种方法相结合的生态（环境）补偿会计信息披露模式成为现阶段的现实选择。

9.1.5 关于生态管理会计

为了完善管理会计学科体系、深入研究生态管理会计理论，需要对其进行理论框架的科学构建与实践方法的系统探索，基于管理决策的视角，从理论和应用两个层面对生态管理会计进行研究。首先，从生态管理会计发展的基础——环境管理会计理论出发，构建生态管理会计的基本概念框架，即生态管理会计目标与假设、对象与职能以及生态管理会计的基本原则等。在考虑生态环境因素的基础上，将传统的管理会计方法应用到生态管理会计中，得出了流量成本会计和资源效率会计，为生态管理决策提供了有力的工具，同时，基于实物流信息和货币流信息两个视角，研究生态管理会计的成本信息，为生态管理决策提供所需的物理信息。在应用层面，将生态管理会计的基本工具应用到企业的成本分析、投资决策和业绩评价等方面，即将生态环境成本因素纳入管理决策，在投资决策中考虑生态环境因素，将生态环境业绩指标纳入企业绩效综合评价体系。结合环境和财务指标，以更少的环境影响，实现更大的经济利益，最终促进企业的可持续发展。

9.1.6 关于生态环境审计

本文对实施和完善生态补偿机制的重要保障机制生态审计的必要性、可行性以及其内容进行了研究和探讨。生态环境补偿会计相比传统会计，在内容上更为复杂，在表现形式上更为多样，因此建立合适的鉴证机制是必要而且必然的。基于此，本研究在分析生态审计的必要性的基础上，就生态审计的内容进行了简单的探讨。企业是否在生态领域具有核心竞争力的关键因素即是生态审计的内容、方法的完备性，这一关键因素可以将真正具有核心竞争力的企业与为企业的利益相关者"漂绿"区别开来。当然，对两者的区分仍旧是以相关生态审计标准和审计人员的综合素质为基础的。由此可见，在生态审计不断发展的过程中，人们可以认为生态友好行为将是企业开展环境行为的主流。

9.1.7 关于生态环境补偿会计核算的案例研究

为了使企业生态环境补偿会计核算理论体系得以运用，本研究以 H 公司为例，将其与生态环境有关的业务进行生态会计核算，在此基础上，通过嵌入式列报的方式，将案例 H 公司的会计信息在资产负债表、利润表及现金流量表 3 张报表上披露，并对其核算结果进行分析，得出企业生态环境保护活动取得了一定效果的结论；企业通过各种生态环境会计核算和相关生态环境信息披露，为外部报表使用者提供决策有用的生态环境信息。通过案例核算和分析，验证了生态补偿会计理论在实务中的可行性，使生态环境补偿会计理论和实践互为补充，共同发展。

9.2 研究局限性

9.2.1 研究方法上偏规范性的局限

本书在研究生态环境补偿会计过程中，主要采取的是规范研究方法，基本没有采取实证研究方法。无论是对生态（环境）补偿会计的确认，还是生态（环境）补偿会计的计量和信息披露等方面，都是基于理论演绎分析。究其原因，主要是因为生态（环境）补偿会计核算是一个新鲜事物，真正开展生态环境补偿会计核算的企业信息较少，并且获取难度较大，目前的生态补偿仍局限于少量的生态服务交易。生态环境补偿的会计核算实证案例的研究应该伴随着人们对生态环境问题重视程度的加深而不断涌现，实证研究方法将在生态环境补偿会计中得到应有的运用。

9.2.2 案例研究中设想性的缺憾

案例研究是研究工作的重要组成部分。本文以 H 公司 2018 年财务数据核算结果为基础，对该公司 2018 年第 3 季度与生态相关会计业务的取得方式给予了假设,并演绎了 2018 年第 3 季度该公司从生态事项的确认、计量到生态事项信息披露的全过程。尽管我们在设想时尽量考虑该公司的实情和相关的规定、政策，但其与实际之间的差距还有待检验。

9.2.3 案例研究中独立信息披露的缺憾

本案例只介绍了现阶段采用嵌入式信息披露的生态会计披露模式，对 H 公司 2018 年第 3 季度与生态相关的会计信息进行了嵌入式披露，没有构建独立报告进行披露。在现阶段，由于生态环境补偿会计是一门新兴的学科，还不成熟，没有统一的标准，企业与生态环境有关的经济事项也不多，随着生态经济的不断发展和国家对生态环境问题的重视，生态环境会计信息披露实现独立生态会计报告将成为今后的发展方向。

9.3 任务与展望

生态环境补偿会计在未来应当与会计学、国民经济核算学、生态学、环境经济学、资源科学等学科密切协作，整体向纵深方向迈进，逐步发展成为包含生态财务会计、生态审计、生态管理会计，并与绿色 GDP 核算和生态统计协同契合的完整学科体系。以上目标与愿景应当随着技术条件的不断改善和人们对生态环境问题的重视程度加深而逐步实现。

9.3.1 生态会计、生态统计与绿色 GDP 核算的协作与契合

生态会计核算在我国起步较晚，发展历程短，研究成果不多，许多问题急需解决。生态会计核算应与生态审计、绿色 GDP 核算相结合为一个有机的整体，为国民经济和社会的可持续发展提供有用的参考。因此，

未来应加强生态会计和生态审计与绿色 GDP 核算之间的协作与契合,使它们成为一个一体化的核算体系。主要的研究内容应包括现状分析以及必要性、存在的问题及原因分析、机制与路径、相互协作和契合的统一核算体系等内容。

9.3.2 生态环境补偿会计的支撑体系研究

生态环境补偿会计作为环境会计的重要组成部分，是集会计学、生态学等多项学科和各种技术等组成的一个核算理论体系，必须有各种技术、方法、机制甚至文化的支撑。技术支撑方面，与监测生态资源有关的 GIS 技术、遥感技术等可为生态价值提供更为准确的计量保障。方法体系支撑方面，直接市场法、替代市场法和意愿评估法等各种生态计量方法在生态补偿会计计量中发挥重要的作用。机制支撑方面，应对生态补偿机制、生态产品的价格机制等加强研究和探索，以找到符合生态补偿会计的完整机制。文化支撑方面，在可持续发展战略的引领下，生态补偿会计发展应融入相关生态伦理、社会责任及生态文化等，以顺应生态补偿会计的发展和不断完善。

参考文献

[1] 温作民.环境外在性的会计核算[J]. 财务与会计，2003（11）：24-26.

[2] 刘梅娟，卢秋桢，尹润富. 森林生物多样性价值核算会计科目及会计报表的设计[J]. 财会月刊，2006（3）：46-47.

[3] 张长江，彭思瑶. 生态收益的确认问题探究——生态效益外部性会计核算视角下的认识[J]. 绿色财会，2009（10）：3-7.

[4] 秦格.生态环境补偿会计核算理论与框架构建[J]. 中国矿业大学学报（社会科学版），2011，13（3）：80-84.

[5] 袁广达. 我国工业行业生态环境成本补偿标准设计——基于环境损害成本的计量方法与会计处理[J]. 会计研究，2014（8）：88-95，97.

[6] 万军，张惠远，王金南，等. 中国生态补偿政策评估与框架初探[J]. 环境科学研究，2005（2）：1-8.

[7] 李文华，井村秀文. 生态补偿机制课题组报告[R]. 2006.

[8] 王兴杰，张骞之，刘晓雯，等. 生态补偿的概念、标准及政府的作用——基于人类活动对生态系统作用类型分析[J]. 中国人口·资源与环境，2010，20（5）：41-50.

[9] 禹雪中，冯时. 中国流域生态补偿标准核算方法分析[J]. 中国人口资源与环境，2011，21（9）：14-19.

[10] 欧阳志云，郑华，岳平. 建立我国生态补偿机制的思路与措施[J]. 生态学报，2013，33（3）：686-692.

[11] 王军锋，侯超波. 中国流域生态补偿机制实施框架与补偿模式研究——基于补偿资金来源的视角[J]. 中国人口·资源与环境，2013，23（2）：23-29.

[12] 王兴杰，张骞之，刘晓雯，等. 生态补偿的概念、标准及政府的作用——基于人类活动对生态系统作用类型分析[J]. 中国人口·资源与环境，2010，20（5）：41-50.

[13] 孙贤斌，王哲，黄润. 安徽大别山国家贫困片区生态补偿标准与扶贫途径研究[J]. 皖西学院学报，2014，30（3）：28-31.

[14] 孔凡斌. 江河源头水源涵养生态功能区生态补偿机制研究——以江西东江源区为例[J]. 经济地理，2010，30（2）：299-305.

[15] 王慧丽，黄建新，卫凯，等. 跨界饮用水源地生态补偿标准定量研究——以平顶山市澧河跨界饮用水源地为例[J]. 农学学报，2011，1（3）：32-36.

[16] 张韬. 西江流域水源地生态补偿标准测算研究[J]. 贵州社会科学，2001，261（9）：76-79.

[17] 李国平，王奕淇，张文彬. 南水北调中线工程生态补偿标准研究[J]. 资源科学，2015，37（10）：1902-1911.

[18] 徐大伟，常亮，侯铁珊，等. 基于 WTP 和 WTA 的流域生态补偿标准测算——以辽河为例[J]. 资源科学，2012，34（7）：1354-1361.

[19] 王军锋，侯超波. 中国流域生态补偿机制实施框架与补偿模式研究——基于补偿资金来源的视角[J]. 中国人口·资源与环境，2013，23（2）：23-29.

[20] 刘晶，葛颜祥. 我国水源地生态补偿模式的实践与市场机制的构建及政策建议[J]. 农业现代化研究，2011，32（5）：596-600.

[21] 曲富国，孙宇飞. 基于政府间博弈的流域生态补偿机制研究[J]. 中国人口·资源与环境，2014，24（11）：83-88.

[22] 曾贤刚，刘纪新，段存儒，等. 基于生态系统服务的市场化生态补偿机制研究——以五马河流域为例[J]. 中国环境科学，2018，38（12）：4755-4763.

[23] 欧阳志云，郑华，岳平. 建立我国生态补偿机制的思路与措施[J]. 生态学报，2013，33（3）：686-692.

[24] 郗永勤，王景群. 市场化、多元化视角下我国流域生态补偿机制研究[J]. 电子科技大学学报（社会科学版），2020，22（1）：54-60.

[25] 王军锋，侯超波，闫勇. 政府主导型流域生态补偿机制研究——对子牙河流域生态补偿机制的思考[J]. 中国人口·资源与环境，2011，21（7）：101-106.
[26] 湛江市依法行政研究会课题组. 以生态补偿促进绿色发展和生态富民——湛江市生态发展路径分析[J]. 广东经济，2015（4）：72-77.
[27] 刘桂环. 健全生态补偿机制是绿色发展需求[N]. 中国环境报，2016-04-01（3）.
[28] 申进忠. 运用生态补偿推动南疆四地州农业绿色发展的政策思考[J]. 经营与管理，2019（11）：97-100.
[29] 张叶，张国云. 绿色经济[M]. 北京：中国林业出版社，2010.
[30] 孟凡利. 西方环境会计发展现状及成因分析[J]. 财会研究，1996（10）：30-31.
[31] 孟凡利. 环境会计：亟待开发的现代会计新领域[J]. 会计研究，1997（1）：18-21.
[32] 陈毓圭. 环境会计和报告的第一份国际指南[J]. 会计研究，1998，19（5）：1-8.
[33] 乔世震. 欧洲的环境会计[J]. 中国发展，2003（1）：41-45.
[34] 郭晓梅，洪华生. 西方环境会计学发展综述[J]. 世界环境，2002（2）：37-39.
[35] 肖维平. 环境会计基本理论研究[J]. 财会月刊，1999（5）：10-11.
[36] 安庆钊. 环境会计理论结构浅探[J]. 财会月刊，1999（8）：5-7.
[37] 罗绍德，任世驰. 论环境会计的几个基本理论问题[J]. 四川会计，2001（7）：9-10.
[38] 李心合，汪艳，陈波. 中国会计学会环境会计专题研讨会综述[J]. 会计研究，2002（1）：58-62.
[39] 项国闯. 在中国建立绿色会计的构想[J]. 财会月刊，1997（3）：10-11.

[40] 孟凡利. 论环境会计信息披露及其相关的理论问题[J]. 会计研究，1999（4）：17-26.

[41] 孙兴华，王维平. 关于在中国实行绿色会计的探讨[J]. 会计研究，2000（5）：59-61.

[42] 李宏英. 论环境会计[J]. 财会研究，1999（5）：13-15.

[43] 陆玉明. “绿色会计”核算内容[J]. 经济研究参考，1999（5）：25-26.

[44] 许家林，王昌锐. 论环境会计核算中的环境资产确认问题[J]. 会计研究，2006（1）：25-29，93.

[45] 王大勇，解建立.环境会计确认与计量问题探讨[J]. 学术交流，2006（5）：126-130.

[46] 李江涛，李月娥，张静. 环境会计计量和报告中若干问题的研究[J]. 财会通讯（学术版），2005（8）：64-66.

[47] 孟凡利. 论环境会计信息披露及其相关的理论问题[J]. 会计研究，1999（4）：17-26.

[48] 耿建新，焦若静. 上市公司环境会计信息披露初探[J]. 会计研究，2002（1）：43-47.

[49] 李姝. 浅谈我国环境会计的计量与报告[J]. 经济问题，2004（1）：24-26.

[50] 郭晓梅. 环境管理会计简论[J]. 财会通讯，2004（13）：61-62.

[51] 周一虹. 西部大开发中环境会计应用探讨[J]. 甘肃广播电视大学学报，2003（4）：24-28.

[52] 黄静. 环境会计在煤炭企业的应用[J]. 中国煤炭，2002（5）：20-21，24.

[53] 万林葳. 关于火力发电企业设立环境会计必要性的探讨[J]. 全国商情（经济理论研究），2008（11）：100-101.

[54] PARKER R B.WAUD D R.Pharmacological estimation of drug-receptor dissociation constants. Statistical evaluation. I. Agonists.[J]. J Pharmacol Exp Ther， 1971，177（1）：1-12.

[55] KI-HOON LEE，YONG WU.Integrating sustainability performance measurement into logistics and supply networks：Amulti-methodological approach[J]. The British Accounting Review，2014（10）.
[56] STEFAN SCHALTEGGER，ROGER BURITT. Contemporary environmental accounting：issues，concepts and practice[M]. Greenleaf Publishing，2000.
[57] FRANK BIRKIN.Management accounting for sustainable development[J]. Managment Accounting，1997，75（10）：52-54.
[58] 八木裕之. 以生物资源为对象的环境会计的展开[M]. 东京：森山书店，2008.
[59] 河野正男. 环境构建一国际的展开[M]. 东京：森山书店，2006.
[60] 于玉林. 基于改革创新：环境相关会计学科发展的哲学分析[J]. 现代会计，2013（6）：7-15.
[61] 耿建新，曹光亮. 论生态会计概念[J]. 财会月刊，2007（2）：3-5.
[62] 张亚连，张卫枚. 生态会计探微[J]. 财会通讯，2011（2）：78-79.
[63] 刘召丽，苏方玉. 浅谈我国生态会计的构建[J]. 时代金融，2015(5)：194-199.
[64] 游峻杰.试论我国生态会计的建立[J]. 商场现代化，2016（7）：218-220.
[65] 杨宗昌，钟子亮. 关于生态会计的构思[J]. 四川会计，2002(7)：6-8.
[66] 秦艳，黄丽君. 浅析企业对外生态会计[J]. 中国环境管理，2007(1)：10-13.
[67] 于玉林. 基于生态文明建立生态会计的探讨[J]. 绿色财会，2014（1）：3-9.
[68] 周志方，欧静. 生态会计：发展动态综述与框架体系设计[J]. 财会通讯，2016（4）：4-10.
[69] 杨海平. 生态会计核算模式构建研究[J]. 江苏商论，2016（36）：130-131.
[70] 杜殿明. 生态会计发展的问题与对策探讨[J]. 经济研究导刊，2012（8）：121-122.

[71] 沈洪涛，廖菁华. 会计与生态文明制度建设[J]. 会计研究，2014（7）：12-16.

[72] 于玉林. 基于生态文明建立生态环境会计的探讨[J]. 绿色财会，2014（1）：3-9.

[73] 阙啸啸. 谈企业生态会计和我国的现实选择[J]. 黑龙江教育学院学报，2014，33（2）：196-198.

[74] 刘召丽，苏方玉. 浅谈我国生态会计的构建[J]. 时代金融，2015（15）：194，199.

[75] 温作民，曾华锋，乔玉洋，等.森林生态会计核算研究[J]. 林业经济，2007（1）：26-27.

[76] 张长江，许敏，张文静. 刍论生态效益会计核算[J]. 财会月刊，2010（3）：11-12.

[77] 姜汝川. 森林生态会计假设浅析[J]. 商业文化月刊，2010（1）：84-85.

[78] 秦格. 生态环境补偿会计核算理论与框架构建[J]. 中国矿业大学学报（社会科学版），2011，13（3）：80-84.

[79] 魏春飞，秦嘉龙. 生态价值会计核算框架构建[J]. 会计之友，2014（33）：25-29.

[80] 孙红梅，王芳蕾，郭梦荫. 我国矿业公司环境会计信息披露影响因素研究[C]//中国会计学会会计基础理论专业委员会 2014 年学术研讨会论文集，2014.

[81] 陈若华. 企业收益会计论[D]. 长沙：湖南大学，2013.

[79] JEFFREY UNERMAN，JAN BEBBINGTON. Sustainability accounting and accountability[J]. The British Accounting Review，2008（40）：12-15.

[80] ANSELM SCHNEIDER. Reflexivity in sustainability accounting and management：transcending the economic focus of corporate sustainability[J]. Springer，2014（23）：3-5.

[81] GY ZHANG, Z DOU, JD TOTH, et al. Use of flyash as environmental and agronomic amendments[J]. Environmental Geochemistry and Healths 2004, 26(2): 129-134.

[82] M MOLINOS-SENANTE, F HERAANDEZ-SANCHO, R SALA-GARRIDO. Feasibility studies for water reuse projects; Economic valuation of environmental beneflts[J]. NaoSecurity Through Science, 2010(106): 181-190.

[83] WT TSAI.An analysis of used lubricant recycling, energy utilization and its environmental benefit in Taiwan[J]. Fuel&Energy Abstracts, 2011, 36(7): 4333-4339.

[84] CHARLES H CHO,DENNIS-M PATTEN. Green accounting: reflections from a CSR and environmental disclosure perspective[J]. Critical Perspectives on Accounting, 2013 (24):12-15.

[85] B EWING,S GOLDFLNGER. Ecological footprint atlas[J]. Global Footprint Network,2010(10):19-23.

[86] M A DEWUNMI IDOWU. Improved modeling of dynamic systems[J]. Free Patents Online, 2013(6): 15-21.

[87] 张炳，毕军，黄和平，等. 基于 DEA 的企业生态效率评价：以杭州湾精细化工园区企业为例[J]. 系统工程理论与实践，2008，4（4）：159-166.

[88] 孙源远. 石化企业生态效率评价研究[D]. 大连：大连理工大学，2009.

[89] 张长江，赵成国. 生态——经济互动视角下的企业生态经济效益会计核算理论与测度方法——文献综览与研究框架[J]. 生态经济，2014，30（4）：55-63.

[90] 苗会永. 生态补偿的会计核算探析[J]. 梧州学院学报，2018，28（1）：34-38.

[91] 成小云，任咏川. IASB/FASB 概念框架联合项目中的资产概念研究述评[J]. 会计研究，2010（5）：25-29.

[92] 葛家澍. 关于财务会计几个基本概念的思考——兼论商誉与衍生金

融工具确认与计量[J]. 财会通讯，2000（1）：3-12.

[93] FASB. SFAC NO.6：Elements of financial statements[R]. December，1985.

[94] IASC. Framework for the preparation and presentation of financial statements[R]. July，1989.

[95] 财政部. 企业会计准则[M]. 北京：经济科学出版社，2006.

[96] 陈国辉，孙志梅. 资产定义的嬗变及本质探源[J]. 会计之友（下），2007（1）：10-11.

[97] 王哲，赵邦宏，颜爱华. 浅论资产的定义[J]. 河北农业大学学报（农林教育版），2002（1）：42-43.

[98] 唐树伶，张启福. 经济学[M]. 大连：东北财经大学出版社，2016.

[99] 葛家澍. 资产概念的本质、定义与特征[J]. 经济学动态，2005（5）：8-12.

[100] 潘铖. 无形资产的理论分析与界定[D]. 对外经济贸易大学，2003.

[101] 中国资产评估协会. 国际评估准则 2017[M]. 北京：经济科学出版社，2017.

[102] 杜金富. 国民经济核算基本原理与应用[M]. 中国金融出版社，2015.

[103] 联合国，欧盟委员会，经济合作与发展组织等. 2008 国民账户体系[M]. 北京：中国统计出版社. 2012.

[104] 李涛，张晓宇，张晓晓. 资产评估学科性质研究[J]. 商业会计，2015（15）：83-85.

[105] 吴琼，戴武堂. 管理学[M]. 武汉：武汉大学出版社，2016.

[106] Mike Smith. 管理学原理 [M]. 刘杰，徐峰，代锐，译. 2 版. 北京：清大学出版社，2015.

[107] REPET TO R C, MAGRATH W, WELLS M, et al. Wasting Assets: natural resources in the national income accounts [R]. Washington, DC: World Resources Institute, 1989.

[108] DA I LY G C . Nature's services: societal dependence on natural ecosystems[M]. Washington DC: Island Press, 1997.

[109] MONFREDA C, WACKERNAGEL M, DEUMLING D. Establishing national natural capital accounts based on detailed ecological footprint and biological capacity assessments[J]. Land use policy, 2004, 21(3): 231-246.

[110] PENG J, DU Y Y, MA J, et al. Sustainability evaluation of natural capital utilization based on 3D EF model: a case study in Beijing City, China[J]. Ecological indicators, 2015, 58: 254-266.

[111] PAPACHARALAMPOU C, MCMANUS M, NEWNES L B, et al. Catchment metabolism: integrating natural capital in the asset management portfolio of the water sector[J]. Journal of cleaner production, 2017, 142: 1994-2005.

[112] COSTANZA R, D'ARGE R, DE GROOT R, et al. The value of the world's ecosystem services and natural capital[J]. Nature, 1997, 387(6630): 253-260.

[113] DAILY G C, SÖDERQVIST T, ANIYAR S, et al. The value of nature and the nature of value[J]. Science, 2000, 289(5478): 395-396.

[114] 欧阳志云，郑华，谢高地，等. 生态资产、生态补偿及生态文明科技贡献核算理论与技术[J]. 生态学报，2016，36（22）：7136-7139.

[115] 王敏，江波，白杨，等. 上海市生态资产核算体系研究[J]. 环境污染与防治，2018，40（4）：484-490.

[116] 王新庆. “绿水青山就是金山银山”的基本形态生态资产及价值形式分析[J]. 林业经济，2019，41（2）：22-25.

[117] 高吉喜，范小杉. 生态资产概念、特点与研究趋向[J]. 环境科学研究，2007，20（5）：137-143.

[118] 王健民，王如松. 中国生态资产概论[M]. 南京：江苏科学技术出版社，2001.

[119] 史培军，张淑英，潘耀忠，等. 生态资产与区域可持续发展[J]. 北京师范大学学报（社会科学版），2005（2）：131-137.

[120] 胡聃. 从生产资产到生态资产：资产—资本完备性[J]. 地球科学进展，2004，19（2）：289-295.

[121] 赵敏莉. 关于负债理论的探析及其定义的修正[J]. 会计之友（下旬刊），2006（5）：16-17.

[122] DICKINSON FRANK GREENE, FRANZY EAKIN. A balance sheet of the nations economy[M]. University of illinois，1936.

[123] 温素彬. 企业三重绩效的层次变权综合模型——基于可持续发展战略的视角[J]. 会计研究，2007（10）：82-87.

[124] 张以宽. 论环境审计[J]. 中国审计信息与方法，1997（1）：17-19.

[125] 黄友仁，林起核. 环境审计初探[J]. 审计研究资料，1997（8）：10-15.

[126] 陈思维. 环境审计[M]. 北京：经济管理出版社，1998.

[127] 陈淑芳，李青. 关于环境审计几个问题的探讨[J]. 当代财经，1998（9）.

[128] 包强. 论环境审计概念结构[J]. 审计与经济研究，1999（4）：15-18.

[129] 高方露，吴俊峰. 关于环境审计本质内容的研究[J]. 贵州财经学院学报，2000（2）：53-56.

[130] 陈正兴. 环境审计[M]. 北京：中国审计出版社，2001.

[131] 许家林，孟凡利. 环境会计[M]. 上海：上海财经大学出版社，2004.

[132] 刘长翠. 企业环境审计研究[M]. 北京：中国人民大学出版社，2005.